好妈妈做给孩子的营养早餐

【总策划】杨建峰 【主 编】陈志田

江西科学技术出版社

图书在版编目（CIP）数据

好妈妈做给孩子的营养早餐 / 陈志田主编.— 南昌：江西科学技术出版社，2014.4

ISBN 978-7-5390-5023-2

Ⅰ.①好… Ⅱ.①陈… Ⅲ.①儿童—保健—食谱 Ⅳ.①TS972.162

中国版本图书馆CIP数据核字（2014）第045681号

国际互联网（Internet）地址：

http：//www.jxkjcbs.com

选题序号：KX2014029

图书代码：D14033-101

好妈妈做给孩子的营养早餐 陈志田主编

出　　版　江西科学技术出版社

社　　址　南昌市蓼洲街2号附1号

　　　　　邮编：330009　电话：（0791）86623491　86639342（传真）

印　　刷　北京新华印刷有限公司

总 策 划　杨建峰

项目统筹　陈小华

责任印务　高峰　苏画眉

设　　计　松雪图文 SONGXUE TUWEN　王进

经　　销　各地新华书店

开　　本　787mm × 1092mm　1/16

字　　数　260千字

印　　张　16

版　　次　2014年5月第1版　2014年5月第1次印刷

书　　号　ISBN 978-7-5390-5023-2

定　　价　28.80元（平装）

赣版权登字号-03-2014-76

目录

Part 1 米饭、粥
搭配出的美味营养早餐

米饭

粥

Part 2 包子、馒头、花卷 搭配出的美味营养早餐

包子

062 香芋叉烧包套餐
主食：香芋叉烧包
配食：韭菜炒牛肉
汤品：白菜豆腐汤
鸡蛋：炒蛋
水果：桂圆

063 菠菜玉米包套餐
主食：菠菜玉米包
配食：清炒蚝肉
汤品：海带豆腐汤
蛋类：咸蛋
水果：香蕉

064 香煎菜肉包套餐
主食：香煎菜肉包
配食：口蘑炒豆腐
饮品：豆浆
鸡蛋：煎蛋
水果：梨

065 甘笋流沙包套餐
主食：甘笋流沙包
配食：海带虾仁炒鸡蛋
饮品：牛奶
水果：圣女果

066 炸芝麻大包套餐
主食：炸芝麻大包
配食：沙姜炒肉片
汤品：豆腐鲜汤
鸡蛋：蒸水蛋
水果：西瓜

067 刺猬包套餐
主食：刺猬包
配食：圆椒香菇炒肉片
汤品：薏米南瓜浓汤
鸡蛋：水煮蛋
水果：苹果

068 翡翠小笼包套餐
主食：翡翠小笼包
配食：圆椒炒鸡蛋
饮品：豆浆
水果：蓝莓

069 蟹黄小笼包套餐
主食：蟹黄小笼包
配食：松仁炒韭菜
饮品：豆浆
鸡蛋：煎蛋
水果：香蕉

070 蛋黄莲蓉包套餐
主食：蛋黄莲蓉包
配食：彩椒炒肉片
饮品：豆浆
水果：草莓

071 雪里蕻肉丝包套餐
主食：雪里蕻肉丝包
配食：大良炒牛奶
饮品：黄瓜汁
水果：橙子

馒头

072 金银馒头套餐
主食：金银馒头
配食：菜心炒鱼片
汤品：菠萝甜汤
蛋类：咸蛋
水果：猕猴桃

073 豆沙双色馒头套餐
主食：豆沙双色馒头
配食：芹菜炒蛋
汤品：青豆排骨汤
水果：苹果

074 甘笋螺旋馒头套餐
主食：甘笋螺旋馒头
配食：凉薯炒肉片
汤品：南瓜虾皮汤
鸡蛋：煎蛋
水果：柚子

075 胡萝卜馒头套餐
主食：胡萝卜馒头
配食：生汁炒虾球
汤品：白菜海带豆腐汤
鸡蛋：蒸水蛋
水果：橙子

076 椰汁馒头套餐
主食：椰汁馒头
配食：豉汁炒鲜鱿鱼
饮品：豆浆
鸡蛋：煎蛋
水果：香蕉

077 吉士馒头套餐
主食：吉士馒头
配食：雪梨炒鸡片
饮品：胡萝卜汁
蛋类：咸蛋
水果：芒果

078 菠汁馒头套餐
主食：菠汁馒头
配食：小笋炒牛肉
汤品：土豆玉米棒汤
鸡蛋：水煮蛋
水果：香蕉

079 双色馒头套餐
主食：双色馒头
配食：木耳炒鱼片
汤品：丝瓜鸡蛋汤
水果：草莓

花卷

配食：火腿彩椒炒荷兰豆
汤品：清汤荷包蛋
水果：苹果

100 花生卷套餐
主食：花生卷
配食：银鱼炒萝卜丝
汤品：木耳蛋汤
水果：圣女果

101 火腿卷套餐
主食：火腿卷
配食：酸萝卜炒肉片
汤品：玉米鸡蛋羹
水果：葡萄

102 葱花火腿卷套餐
主食：葱花火腿卷
配食：韭菜炒虾仁
汤品：百合参汤
鸡蛋：水煮蛋
水果：橙子

103 菠菜香葱卷套餐
主食：菠菜香葱卷
配食：肉末炒玉米
饮品：牛奶
鸡蛋：蒸水蛋
水果：梨

104 五香牛肉卷套餐
主食：五香牛肉卷
配食：丝瓜滑子菇
饮品：牛奶
鸡蛋：水煮蛋
水果：苹果

105 葱花肉卷套餐
主食：葱花肉卷
配食：玉米粒炒杏鲍菇
饮品：豆浆
鸡蛋：煎蛋
水果：草莓

106 腊肠卷套餐
主食：腊肠卷
配食：鲜虾紫甘蓝沙拉
饮品：牛奶
鸡蛋：水煮蛋
水果：香蕉

Part 3 饺子、馄饨 搭配出的美味营养早餐

饺子

108 大眼鱼蒸饺套餐
主食：大眼鱼蒸饺
配食：菠菜拌核桃仁
饮品：牛奶
鸡蛋：豆浆蒸蛋
水果：圣女果

109 韭菜水饺套餐
主食：韭菜水饺
配食：彩椒拌腐竹
汤品：白果猪肚汤
鸡蛋：水煮蛋
水果：芒果

110 锅贴饺套餐
主食：锅贴饺
配食：生炒菜心
饮品：豆浆
鸡蛋：蒸水蛋
水果：苹果

111 多宝鱼蒸饺套餐
主食：多宝鱼蒸饺
配食：芹菜炒土豆
饮品：豆浆
鸡蛋：蛤蜊鸡蛋饼
水果：苹果

112 金鱼蒸饺套餐
主食：金鱼蒸饺
配食：胡萝卜烩木耳
饮品：豆浆
鸡蛋：蛤蜊蒸蛋
水果：香蕉

113 薄皮鲜虾蒸饺套餐
主食：薄皮鲜虾蒸饺
配食：白菜金针菇
汤品：番茄蛋花汤

水果：苹果

114 脆皮豆沙饺套餐

主食：脆皮豆沙饺
配食：番茄肉末蒸豆腐
饮品：牛奶
鸡蛋：发菜鸡蛋饼
水果：香蕉

115 家乡咸水饺套餐

主食：家乡咸水饺
配食：玉米炒鸡丁
饮品：豆浆
鸡蛋：水煮蛋
水果：柑橘

116 大白菜水饺套餐

主食：大白菜水饺
配食：彩椒肉丝
鸡蛋：水煮蛋
水果：香蕉

117 菠菜水饺套餐

主食：菠菜水饺
配食：黄瓜炒火腿
鸡蛋：煎蛋
水果：橙子

118 玉米水饺套餐

主食：玉米水饺
配食：芹菜炒猪皮
鸡蛋：蒸水蛋
水果：苹果

119 羊肉玉米水饺套餐

主食：羊肉玉米水饺
配食：白菜梗炒肉
鸡蛋：蒸水蛋
水果：西瓜

120 鸡肉芹菜水饺套餐

主食：鸡肉芹菜水饺
配食：黄花菜炒肉
饮品：豆浆
鸡蛋：水煮蛋
水果：苹果

121 鱼肉大葱蒸饺套餐

主食：鱼肉大葱蒸饺
配食：肉酱焖土豆
汤品：上汤黄瓜
鸡蛋：蒸水蛋
水果：葡萄

122 牛肉水饺套餐

主食：牛肉水饺
配食：番茄炒肉片
饮品：豆浆
鸡蛋：时蔬煎蛋
水果：香蕉

123 墨鱼蒸饺套餐

主食：墨鱼蒸饺
配食：鱼片卷蒸滑蛋
汤品：白菜米汤
水果：鲜枣

124 三鲜水饺套餐

主食：三鲜水饺
配食：木耳白菜片
饮品：豆浆
鸡蛋：水煮蛋
水果：苹果

125 鲜虾水饺套餐

主食：鲜虾水饺
配食：椒丝包菜
饮品：牛奶
鸡蛋：水煮蛋
水果：橙子

126 冬笋水饺套餐

主食：冬笋水饺
配食：花生米拌菠菜
鸡蛋：水煮蛋
水果：木瓜

127 鲜肉水饺套餐

主食：鲜肉水饺
配食：芝麻炒小白菜
饮品：豆浆
鸡蛋：茶叶蛋
水果：芒果

128 鱼肉水饺套餐

主食：鱼肉水饺
配食：清炒油菜
鸡蛋：茶叶蛋
水果：荔枝

129 韭菜猪肉水饺套餐

主食：韭菜猪肉水饺
配食：虾酱空心菜
蛋类：咸蛋
水果：香蕉

130 芹菜猪肉水饺套餐

主食：芹菜猪肉水饺
配食：韭菜炒鸡蛋
饮品：豆浆
水果：草莓

131 荞麦蒸饺套餐

主食：荞麦蒸饺
配食：葱油西芹
汤品：香菇豆腐汤
鸡蛋：蒸水蛋
水果：梨

132 玉米鲜虾水饺套餐

主食：玉米鲜虾水饺
配食：爽口芥蓝
饮品：豆浆
鸡蛋：蒸水蛋
水果：苹果

133 冬菜鸡蛋水饺套餐

主食：冬菜鸡蛋水饺

配食：马蹄炒肉
鸡蛋：煎蛋
水果：橙子

134 鸡肉大白菜水饺套餐
主食：鸡肉大白菜水饺
配食：黄瓜肉丝
饮品：豆浆
鸡蛋：煎蛋饼
水果：葡萄

135 酸汤水饺套餐
主食：酸汤水饺
配食：醋拌西葫芦
鸡蛋：火腿煎鸡蛋
水果：芒果

馄饨

136 萝卜馄饨套餐
主食：萝卜馄饨
配食：莴笋牛肉丝
鸡蛋：水煮蛋
水果：苹果

137 玉米馄饨套餐
主食：玉米馄饨
配食：干煸牛肉丝
鸡蛋：蒸水蛋
水果：香蕉

138 梅菜猪肉馄饨套餐
主食：梅菜猪肉馄饨
配食：菜心炒牛肉
鸡蛋：煎蛋
水果：鲜枣

139 鸡肉馄饨套餐
主食：鸡肉馄饨
配食：豆角炒牛肉
鸡蛋：水煮蛋
水果：葡萄

140 鸡蛋馄饨套餐
主食：鸡蛋馄饨
配食：包菜炒羊肉
饮品：豆浆
水果：芒果

141 牛肉馄饨套餐
主食：牛肉馄饨
配食：腰果虾仁
鸡蛋：水煮蛋
水果：橙子

142 羊肉馄饨套餐
主食：羊肉馄饨
配食：青椒炒鸡丝
鸡蛋：水煮蛋
水果：梨

143 鲜虾馄饨套餐
主食：鲜虾馄饨
配食：西蓝花炒鸡片
鸡蛋：蒸水蛋
水果：苹果

144 虾米馄饨套餐
主食：虾米馄饨
配食：青豆烧茄子
蛋类：咸蛋
水果：草莓

145 鱿鱼馄饨套餐
主食：鱿鱼馄饨
配食：杭椒炒茄子
鸡蛋：水煮蛋
水果：猕猴桃

146 包菜馄饨套餐
主食：包菜馄饨
配食：清炒丝瓜
鸡蛋：鲜奶蒸蛋
水果：芒果

147 冬瓜馄饨套餐
主食：冬瓜馄饨
配食：糖醋黄瓜
鸡蛋：蒸水蛋
水果：香蕉

148 蒜薹馄饨套餐
主食：蒜薹馄饨
配食：洋葱炒芦笋
鸡蛋：水煮蛋
水果：苹果

149 香葱馄饨套餐
主食：香葱馄饨
配食：清炒红薯丝
鸡蛋：水煮蛋
水果：香蕉

150 菜肉馄饨套餐
主食：菜肉馄饨
配食：清炒马蹄
鸡蛋：茶叶蛋
水果：桃子

151 红油馄饨套餐
主食：红油馄饨
配食：蚕豆炒鸡蛋
饮品：豆浆
水果：葡萄

152 韭黄鸡蛋馄饨套餐
主食：韭黄鸡蛋馄饨
配食：西瓜翠衣炒鸡蛋
饮品：豆浆
水果：苹果

153 芹菜牛肉馄饨套餐
主食：芹菜牛肉馄饨
配食：玉米炒蛋
饮品：豆浆
水果：芒果

Part 4 面条、粉 搭配出的美味营养早餐

面条

饮品：胡萝卜汁
水果：橙子

171 金牌烧鹅面套餐
主食：金牌烧鹅面
配食：苦瓜炒蛋
饮品：豆浆
水果：苹果

172 青蔬油豆腐汤面套餐
主食：青蔬油豆腐汤面
配食：茄汁鸡肉丸
鸡蛋：水煮蛋
水果：葡萄

173 三鲜面套餐
主食：三鲜面
配食：腐乳炒滑蛋
饮品：豆浆
水果：香蕉

174 川味鸡杂面套餐
主食：川味鸡杂面
配食：芹菜肉丝
蛋类：咸蛋
水果：梨

175 鲜笋面套餐
主食：鲜笋面
配食：肉末豆角
鸡蛋：蒸水蛋
水果：橙子

176 蛋黄银丝面套餐
主食：蛋黄银丝面
配食：蒜薹木耳炒肉丝
饮品：豆浆
水果：西瓜

177 蔬菜面套餐
主食：蔬菜面
配食：腐竹青豆烧魔芋
饮品：牛奶
水果：草莓

178 火腿鸡丝面套餐
主食：火腿鸡丝面
配食：醋香黄豆芽
鸡蛋：水煮蛋
水果：苹果

179 叉烧面套餐
主食：叉烧面
配食：青瓜烧木耳
饮品：豆浆
水果：香蕉

180 锅烧面套餐
主食：锅烧面
配食：鸡汁西蓝花
饮品：豆浆
水果：猕猴桃

181 三鲜烩面套餐
主食：三鲜烩面
配食：蔬菜园地
鸡蛋：蒸水蛋
水果：圣女果

182 鸡丝菠汁面套餐
主食：鸡丝菠汁面
配食：芦笋炒百合
鸡蛋：蒸水蛋
水果：苹果

183 香菇西红柿面套餐
主食：香菇西红柿面
配食：咸蛋肉末蒸娃娃菜
饮品：豆浆
水果：草莓

184 什锦菠菜面套餐
主食：什锦菠菜面
配食：芹菜鸭脯肉
鸡蛋：蒸水蛋
水果：梨

185 西红柿猪肝菠菜面套餐
主食：西红柿猪肝菠菜面
配食：泥蒿炒腊肠
鸡蛋：水煮蛋
水果：橙子

186 卤猪肝龙须面套餐
主食：卤猪肝龙须面
配食：腊味荷兰豆
鸡蛋：蒸水蛋
水果：鲜枣

187 香葱牛肚龙须面套餐
主食：香葱牛肚龙须面
配食：鲜虾芙蓉蛋
饮品：豆浆
水果：草莓

188 卤猪蹄龙须面套餐
主食：卤猪蹄龙须面
配食：西红柿彩椒
鸡蛋：水煮蛋
水果：猕猴桃

189 上汤鸡丝蛋面套餐
主食：上汤鸡丝蛋面
配食：四季豆炒冬瓜
鸡蛋：水煮蛋
水果：火龙果

190 西红柿鸡蛋面套餐
主食：西红柿鸡蛋面
配食：百合鸡肉炒荔枝
饮品：豆浆
水果：菠萝

191 上汤鸡丝冷面套餐
主食：上汤鸡丝冷面
配食：干贝芙蓉蛋
饮品：牛奶
水果：樱桃

192 炸酱刀削面套餐
主食：炸酱刀削面
配食：豆皮牛肉丸
鸡蛋：蒸水蛋
水果：苹果

193 真味招牌拉面套餐
主食：真味招牌拉面
配食：香油蒜片黄瓜
蛋类：咸蛋
水果：香蕉

194 家常杂酱面套餐
主食：家常杂酱面
配食：醋熘藕片
饮品：豆浆
鸡蛋：蒸水蛋
水果：芒果

195 意大利肉酱面套餐
主食：意大利肉酱面
配食：虾仁炒蛋
饮品：豆浆
水果：猕猴桃

196 鸡丝凉面套餐
主食：鸡丝凉面
配食：虾仁炒菜心
汤品：木瓜草鱼汤
鸡蛋：水煮蛋
水果：香蕉

197 牛肉凉面套餐
主食：牛肉凉面
配食：蒜香油菜
饮品：豆浆
鸡蛋：水煮蛋
水果：橙子

198 西芹炒蛋面套餐
主食：西芹炒蛋面
配食：葱油韭菜豆腐干
汤品：百合银耳汤
水果：草莓

199 肉丝炒面套餐
主食：肉丝炒面
配食：玉米笋炒芹菜
汤品：冬瓜虾米汤
鸡蛋：水煮蛋
水果：苹果

粉

200 烧鹅米粉套餐
主食：烧鹅米粉
配食：四季豆炒鸡蛋
饮品：牛奶
水果：香蕉

201 黄花菜鲜菇河粉套餐
主食：黄花菜鲜菇河粉
配食：牛肉娃娃菜
鸡蛋：蒸水蛋
水果：香蕉

202 咖喱炒河粉套餐
主食：咖喱炒河粉
配食：蛋黄鱼片
饮品：豆浆
水果：苹果

203 三丝炒米粉套餐
主食：三丝炒米粉
配食：香菇蒸鳕鱼
饮品：豆浆
鸡蛋：蒸水蛋
水果：猕猴桃

204 三丝炒意粉套餐
主食：三丝炒意粉
配食：碧绿生鱼卷
汤品：莲子心冬瓜汤
鸡蛋：煎蛋
水果：芒果

205 南瓜炒米粉套餐
主食：南瓜炒米粉
配食：雪里蕻肉末
汤品：金针菇凤丝汤
鸡蛋：水煮蛋
水果：苹果

206 泡菜炒粉条套餐
主食：泡菜炒粉条
配食：菜心炒肉
汤品：什锦汤
鸡蛋：水煮蛋
水果：橙子

207 蔬菜炒河粉套餐
主食：蔬菜炒河粉
配食：西红柿炒扁豆
汤品：金针木耳汤
鸡蛋：蒸水蛋
水果：草莓

208 胡萝卜河粉套餐
主食：胡萝卜河粉
配食：蛋白炒玉米
饮品：豆浆
水果：芒果

209 油菜炒粉套餐
主食：油菜炒粉
配食：凉拌豆角
汤品：白菜猪肉汤
鸡蛋：水煮蛋
水果：菠萝

210 干炒牛河套餐
主食：干炒牛河
配食：黄豆芽拌荷兰豆
饮品：牛奶
鸡蛋：蒸水蛋

水果：梨

211 绩溪炒粉丝套餐

主食：绩溪炒粉丝
配食：爽脆西芹
饮品：豆浆
鸡蛋：水煮蛋
水果：猕猴桃

212 金湘玉飘香粉丝套餐

主食：金湘玉飘香粉丝
配食：豌豆炒肉
汤品：红薯鸡肉汤
蛋类：咸蛋
水果：苹果

213 牛肉河粉套餐

主食：牛肉河粉
配食：田园小炒
汤品：菠萝苦瓜汤
鸡蛋：茶叶蛋
水果：芒果

214 美味蕨根粉套餐

主食：美味蕨根粉
配食：玉米炒芹菜
汤品：冬瓜鲤鱼汤
鸡蛋：蒸水蛋
水果：草莓

215 酸辣粉套餐

主食：酸辣粉
配食：清远煎酿豆腐
汤品：白菜肉丝汤
鸡蛋：水煮蛋
水果：桂圆

216 豆芽米粉套餐

主食：豆芽米粉
配食：香炸海带鹌鹑蛋
汤品：鱼片豆腐汤
水果：香蕉

217 炒米粉套餐

主食：炒米粉
配食：紫苏炒瘦肉
饮品：豆浆
鸡蛋：水煮蛋
水果：梨

218 蛋炒米粉套餐

主食：蛋炒米粉
配食：芥蓝炒肉丝
饮品：豆浆
水果：橙子

219 西红柿肉酱通心粉套餐

主食：西红柿肉酱通心粉
配食：西蓝花炒油菜
饮品：牛奶
鸡蛋：水煮蛋
水果：香蕉

220 肉米炒粉皮套餐

主食：肉米炒粉皮
配食：豆豉空心菜
饮品：豆浆
蛋类：咸蛋
水果：苹果

221 带子拌菠菜粉套餐

主食：带子拌菠菜粉
配食：西芹炒山药
汤品：油菜黄豆汤
鸡蛋：蒸水蛋
水果：草莓

222 星洲炒米粉套餐

主食：星洲炒米粉
配食：素炒豌豆
饮品：豆浆
鸡蛋：蒸水蛋
水果：芒果

223 香妃鸡汤米粉套餐

主食：香妃鸡汤米粉
配食：农家炒芥蓝
鸡蛋：水煮蛋
水果：西瓜

224 牛柳炒意粉套餐

主食：牛柳炒意粉
配食：木须小白菜
饮品：豆浆
水果：香蕉

225 雪菜鸭丝粉套餐

主食：雪菜鸭丝粉
配食：菠菜炒鸡蛋
饮品：豆浆
水果：葡萄

226 洋葱炒河粉套餐

主食：洋葱炒河粉
配食：尖椒土豆片
饮品：牛奶
鸡蛋：蒸水蛋
水果：西瓜

Part 5 面包、蛋糕 搭配出的美味营养早餐

面包

228 杏仁面包套餐
主食：杏仁面包
配食：香煎红衫鱼
饮品：豆浆
鸡蛋：蒸水蛋
水果：香蕉

229 热狗丹麦面包套餐
主食：热狗丹麦面包
配食：香煎银鳕鱼
饮品：牛奶
鸡蛋：水煮蛋
水果：苹果

230 鸡尾面包套餐
主食：鸡尾面包
配食：软煎鸡肝
饮品：橘子马蹄汁
鸡蛋：煎蛋
水果：芒果

231 牛油面包套餐
主食：牛油面包
配食：南瓜煎奶酪
饮品：豆浆
鸡蛋：水煮蛋
水果：梨

232 地瓜面包套餐
主食：地瓜面包
配食：鲜鱼奶酪煎饼
饮品：蜂蜜玉米汁
鸡蛋：水煮蛋
水果：香蕉

233 三文治吐司套餐
主食：三文治吐司
配食：香煎柠檬鱼块
饮品：豆浆
鸡蛋：蒸水蛋
水果：樱桃

234 叉烧面包套餐
主食：叉烧面包
配食：香煎草鱼
饮品：胡萝卜红薯汁
鸡蛋：水煮蛋
水果：橙子

235 草莓面包套餐
主食：草莓面包
配食：香菇猪脑蒸蛋
饮品：牛奶
水果：芒果

236 椰子丹麦面包套餐
主食：椰子丹麦面包
配食：香煎虾饼
饮品：西红柿鲜奶汁
鸡蛋：水煮蛋
水果：草莓

237 洋葱培根面包套餐
主食：洋葱培根面包
配食：香煎秋刀鱼
饮品：豆浆
鸡蛋：水煮蛋
水果：圣女果

238 蓝莓菠萝面包套餐
主食：蓝莓菠萝面包
配食：香煎三文鱼
饮品：牛奶
鸡蛋：蒸水蛋
水果：苹果

239 草莓夹心面包套餐
主食：草莓夹心面包
配食：虾丁豆腐
饮品：豆浆
鸡蛋：煎蛋
水果：猕猴桃

240 维也纳苹果面包套餐
主食：维也纳苹果面包
配食：炒鸡蛋小鱼干
饮品：牛奶
水果：香蕉

241 乳酪苹果面包套餐
主食：乳酪苹果面包
配食：香煎鲳鱼
饮品：豆浆
鸡蛋：蒸水蛋

水果：芒果

242 黄桃面包套餐
主食：黄桃面包
配食：三文鱼沙拉
饮品：牛奶
鸡蛋：蒸水蛋
水果：圣女果

243 中法面包套餐
主食：中法面包
配食：江南鱼末
饮品：豆浆
鸡蛋：水煮蛋
水果：草莓

244 全麦长棍面包套餐
主食：全麦长棍面包
配食：蔬菜金枪鱼沙拉
饮品：草莓酸奶昔
鸡蛋：煎蛋
水果：苹果

245 红豆绿茶面包套餐
主食：红豆绿茶面包
配食：香煎带鱼
饮品：豆浆
鸡蛋：蒸水蛋
水果：圣女果

246 法式大蒜面包套餐
主食：法式大蒜面包
配食：四色虾仁
饮品：牛奶
鸡蛋：水煮蛋
水果：葡萄

247 咖啡面包套餐
主食：咖啡面包
配食：冬瓜鸡蛋鸡肉沙拉
饮品：豆浆
水果：苹果

蛋糕

248 黄金皮蛋糕套餐
主食：黄金皮蛋糕
配食：果酱虾仁沙拉
饮品：牛奶
鸡蛋：煎蛋
水果：香蕉

249 香草奶油蛋糕套餐
主食：香草奶油蛋糕
配食：橄榄油蔬菜沙拉
饮品：豆浆
鸡蛋：蒸水蛋
水果：芒果

250 奶油苹果蛋糕套餐
主食：奶油苹果蛋糕
配食：土豆火腿沙拉
饮品：牛奶
鸡蛋：煎蛋
水果：橙子

251 椰香蛋糕套餐
主食：椰香蛋糕
配食：鲜虾紫甘蓝沙拉
饮品：豆浆
鸡蛋：蒸水蛋
水果：苹果

252 香草布丁蛋糕套餐
主食：香草布丁蛋糕
配食：芹菜叶蛋饼
饮品：凉薯汁
水果：猕猴桃

253 板栗蛋糕套餐
主食：板栗蛋糕
配食：彩椒蟹柳沙拉
饮品：豆浆
鸡蛋：蒸水蛋
水果：香蕉

254 柳橙蛋糕套餐
主食：柳橙蛋糕
配食：香煎剥皮鱼
饮品：牛奶
鸡蛋：水煮蛋
水果：火龙果

255 蓝莓核桃蛋糕套餐
主食：蓝莓核桃蛋糕
配食：猪肉紫甘蓝沙拉
饮品：豆浆
鸡蛋：水煮蛋
水果：草莓

256 重芝士蛋糕条套餐
主食：重芝士蛋糕条
配食：香肠黄瓜沙拉
饮品：牛奶
鸡蛋：蒸水蛋
水果：香蕉

Part 1 米饭、粥
搭配出的美味营养早餐

孩子作为家庭和国家的明日之星，需要有一个健康科学的饮食习惯。一日三餐中最重要的早餐吃什么、做什么、怎么做，成为好妈妈们最为关心的话题之一。而五谷杂粮就是一种“集万千宠爱于一身”的食材，用它们制作出的食物（比如本章中所介绍的米饭类、粥类美食），营养丰富且易于孩子们消化。妈妈们只需依照书中所介绍的方法细心琢磨，肯定能为孩子们烹饪出花样百出的营养早餐。

肉羹饭套餐

主食	肉羹饭	鸡蛋	水煮蛋
配食	酱焖杏鲍菇	水果	香蕉
汤品	鱼丸炖鲜蔬		

『配食』酱焖杏鲍菇

材料 杏鲍菇90克

调料 盐3克，鸡粉4克，料酒5克，黄豆酱8克，老抽2克，姜末、蒜末、葱段、植物油各少许

制作 ①杏鲍菇洗净切片；锅注水烧开，放盐、鸡粉、杏鲍菇、料酒，煮2分钟至熟捞出。

②用油起锅，爆香姜末、蒜末、葱段，放杏鲍菇炒匀，淋料酒炒香，放黄豆酱翻炒匀，加盐、鸡粉、老抽调味，大火收汁装盘即可。

『主食』肉羹饭

材料 鸡蛋1个，黄瓜40克，胡萝卜25克，瘦肉30克，米饭130克

调料 植物油、盐各少许，鸡粉、料酒、香油各2克，葱花少许

制作 ①黄瓜、胡萝卜分别洗净切丝；瘦肉洗净，剁成末；鸡蛋打散调匀。

②用油起锅，倒入肉末、料酒炒香，放胡萝卜、黄瓜、鸡粉、盐炒熟，再放香油、蛋液搅匀，放葱花翻炒，倒在米饭上即可。

『汤品』鱼丸炖鲜蔬

材料 草鱼肉300克，油菜80克，鲜香菇45克，胡萝卜70克

调料 盐3克，鸡粉4克，胡椒粉、水淀粉、姜片各适量

制作 ①香菇洗净切片；胡萝卜洗好去皮，切片；油菜洗净。

②草鱼肉洗净切片，剁成肉泥，加盐、鸡粉、胡椒粉搅至起浆，倒入水淀粉拌匀，制成鱼丸，放入沸水锅中，煮约2分钟。

③锅注水烧热，放姜片、胡萝卜、油菜、香菇、盐、鸡粉、鱼丸煮沸即可。

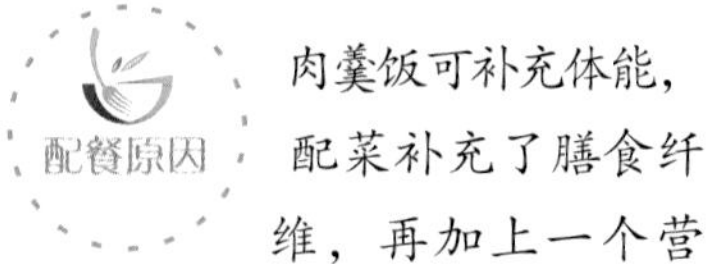

肉羹饭可补充体能，配菜补充了膳食纤维，再加上一个营养均衡的鸡蛋，一根益智补脑的香蕉，还有一碗滋润的水产汤，早餐就算完美了。

『主食』葡萄干炒饭

材料 火腿40克，洋葱20克，虾仁30克，米饭150克，葡萄干25克，鸡蛋1个

调料 盐2克，葱末、植物油各少许

制作 ①鸡蛋制成蛋液；洋葱、火腿分别洗净切粒；虾仁洗净切丁；葡萄干洗净。

②蛋液入油锅煎熟盛出；洋葱粒、火腿粒入油锅炒香，下虾仁丁快炒至虾肉呈淡红色，加葡萄干，倒入米饭翻炒后倒入煎好的鸡蛋翻炒匀，放盐调味，撒上葱末，翻炒片刻盛出即可。

『汤品』里脊三片汤

材料 黄瓜130克，里脊肉、榨菜各100克

调料 盐、鸡粉各2克，植物油、水淀粉各适量，葱花少许

制作 ①黄瓜、榨菜分别洗净切片；里脊肉洗净切薄片，加盐、鸡粉、水淀粉、油腌渍10分钟。

②榨菜焯水1分钟捞出；起油锅，加水烧开，放盐、榨菜、鸡粉搅拌，将沸时倒入黄瓜片拌匀，放肉片快速拌煮至熟，盛出，撒上葱花即可。

配餐原因 此套餐富含蛋白质、碳水化合物、氨基酸、矿物质和维生素等营养成分，可提高孩子身体免疫力，为肌体发育提供足够营养。

『配食』软炒蚝蛋

材料 生蚝肉120克，鸡蛋2个，马蹄肉、香菇各少许

调料 鸡粉4克，盐3克，水淀粉4克，料酒9克，植物油适量

制作 ①香菇、马蹄肉洗净切粒；生蚝肉洗净，加鸡粉、盐、料酒拌匀腌入味，入沸水中汆水1分钟；香菇、马蹄、鸡粉、盐入沸水煮1分钟捞出；鸡蛋打散加鸡粉、盐、水淀粉调匀。

②起油锅，放生蚝肉、料酒、盐、鸡粉、马蹄和香菇炒匀，倒蛋液炒熟即可。

『配食』秋葵炒蛋

材料 秋葵180克，鸡蛋2个

调料 盐、葱花、水淀粉、植物油各少许，鸡粉2克

制作 ①秋葵洗净切块；鸡蛋打散调匀，放入少许盐、鸡粉，倒入适量水淀粉，搅拌均匀。

②用油起锅，倒入切好的秋葵，炒匀，撒入少许葱花，炒香。

③倒入鸡蛋液，翻炒至熟。

④将炒好的秋葵鸡蛋盛出，装盘即可。

『主食』三文鱼炒饭

材料 米饭250克，三文鱼100克，生菜、豌豆各少许

调料 盐3克，料酒5克，味精1克，葱花7克，植物油适量

制作 ①三文鱼洗净，氽水，切成粒状，用料酒拌匀；生菜、豌豆均洗净，焯熟备用。

②起油锅烧热，放入三文鱼滑炒至断生，倒入米饭、豌豆，翻炒均匀，加盐、味精调味，熄火。

③将生菜铺于盘中，倒上炒好的米饭，撒上葱花即可。

『汤品』青豆排骨汤

材料 青豆120克，玉米棒200克，排骨350克

调料 盐、鸡粉各2克，料酒6克，胡椒粉、姜片各少许

制作 ①玉米棒洗净切块；排骨斩块，洗净，放入沸水锅中，加料酒烧开，氽水，1分钟后捞出；青豆洗净。

②砂锅中注水烧开，放排骨、玉米、青豆、姜片、料酒烧开后，盖上盖，用小火炖1小时至熟。

③揭盖，放入盐、鸡粉、胡椒粉拌匀调味，盛出即可。

该主食能补充能量、蛋白质、不饱和脂肪酸；配食中，秋葵炒蛋可补充卵磷脂、核黄素；青豆排骨汤能增强人体对营养的消化吸收；猕猴桃可补充维生素。

萝卜炒饭套餐

主食	萝卜丝炒小米饭	鸡蛋	煎蛋
配食	黄豆芽木耳炒肉	水果	葡萄
汤品	番茄汤		

『主食』萝卜丝炒小米饭

材料 小米150克，白萝卜、蛋黄各少许

调料 盐3克，鸡精2克，葱花、植物油各适量

制作 ①小米洗净，浸泡片刻；白萝卜洗净，切成细丝。

②电锅中注入水，放入小米，煮至六成熟，捞出沥干，与蛋黄、盐拌匀。

③起油锅烧热，倒入小米、白萝卜丝炒熟，加鸡精调味，撒上葱花即可。

『汤品』番茄汤

材料 番茄90克

调料 盐少许

制作 ①番茄洗净，去蒂，切碎装盘，待用。

②锅中注入适量清水，用大火烧开，倒入切好的番茄。

③盖上盖子，用小火煮约5分钟至熟。

④揭开盖，加盐调味，将煮好的汤料倒入滤网中。

⑤滤出番茄汤即可。

『配食』黄豆芽木耳炒肉

材料 黄豆芽100克，猪瘦肉200克，水发木耳40克

调料 盐4克，鸡粉2克，水淀粉8克，料酒10克，蚝油8克，蒜末、葱段、植物油各少许

制作 ①黄豆芽洗净；木耳洗净切块；猪瘦肉洗净切片，加盐、鸡粉、水淀粉拌匀，腌渍片刻；木耳放沸水锅中加盐煮半分钟，加黄豆芽煮半分钟捞出。

②起油锅，放肉片翻炒，加蒜末、葱段炒香，倒料酒、盐、鸡粉、蚝油、木耳和黄豆芽炒匀即可。

配餐原因 主食可补充体力，改善睡眠；配食可清热除烦、滋补大脑；煎蛋可改善记忆力；番茄汤有助于健胃消食、润肠通便；葡萄有助于消化。

干贝蛋炒饭套餐

主食	干贝蛋炒饭	鸡蛋	蒸水蛋
配食	油菜炒鸡片	水果	梨
汤品	木耳丝瓜汤		

『配食』油菜炒鸡片

材料 鸡胸肉130克，油菜150克，红椒30克

调料 盐、料酒各3克，植物油、鸡粉、姜片、蒜末、葱段各少许

制作 ①油菜洗净对半切开；红椒洗好去籽切块；鸡胸肉洗净切片，加盐、鸡粉拌匀腌10分钟。

②将油菜放沸水锅中汆烫1分钟捞出；起油锅，爆香姜片、蒜末、葱段，放红椒片、鸡肉片、料酒炒匀，放油菜，转小火加鸡粉、盐炒至熟即可。

『主食』干贝蛋炒饭

材料 米饭1碗，干贝3粒，鸡蛋1个

调料 盐2克，葱1根，植物油适量

制作 ①干贝以清水泡软，剥成细丝；葱洗净，切葱花；鸡蛋打散，搅匀。

②油锅加热，下干贝丝炒至酥黄，再将米饭、蛋液倒入，炒散，加盐调味。

③炒至饭粒变干且晶莹发亮；将葱花撒在饭上即可盛起。

『汤品』木耳丝瓜汤

材料 水发木耳40克，玉米笋65克，丝瓜150克，瘦肉200克，胡萝卜片适量

调料 盐、鸡粉各3克，姜片、葱花各少许

制作 ①木耳、玉米笋洗净切块；丝瓜去皮洗净切段；瘦肉洗净切片，加盐、鸡粉腌渍入味。

②沸水锅中放姜片、木耳、丝瓜、胡萝卜、玉米笋、盐、鸡粉搅拌匀，用中火煮2分钟。

③倒入肉片拌匀，大火煮沸后盛出，撒入葱花即可。

主食可补充能量、蛋白质、碳水化合物、卵磷脂、钙、铁；配食可补虚强身；蒸水蛋能增强记忆力；木耳丝瓜汤有助于补脾益胃；梨清热降火。

『主食』黄金火腿拌饭

材料 大米150克，玉米粒、火腿、泡菜各适量

调料 盐、胡椒粉、蛋黄酱、植物油各少许

制作 ①大米洗净沥干；玉米粒洗净去除麸皮；火腿切薄片；泡菜切小段。

②大米放电饭锅中，加水煮熟；起油锅，倒玉米粒炒至七成熟，放火腿、泡菜翻炒熟，加盐调味后入盘；将煮好的米饭盛入盘，加蛋黄酱拌匀，撒上胡椒粉即可。

『汤品』香菇丝瓜汤

材料 鲜香菇30克，丝瓜120克

调料 植物油适量，盐2克，姜末、葱花各少许，高汤200毫升

制作 ①香菇洗好切粗丝；丝瓜去皮洗净，切小块。

②用油起锅，下姜末爆香，放入香菇丝炒至其变软，再放入丝瓜炒匀，待丝瓜炒出汁水后注入高汤，大火煮沸，加盐拌匀调味，续煮片刻至入味。

③盛出丝瓜汤，撒上葱花即可。

配餐原因 主食有健胃、补虚、健脑的作用；配食可为人体补充蛋白质、维生素C；水煮蛋可提高记忆力；香菇丝瓜汤可改善咳喘；草莓有明目养肝功效。

『配食』油菜炒牛肉

材料 油菜70克，牛肉100克，彩椒40克

调料 盐、料酒各3克，鸡粉2克，生抽5克，姜末、蒜末、葱段、植物油各少许

制作 ①彩椒洗净切块；油菜洗好切瓣；牛肉洗净切片，加生抽、盐、鸡粉拌匀，腌渍15分钟。

②起油锅，放入牛肉、姜末、蒜末、葱段炒匀，再加彩椒、料酒翻炒片刻，转小火，倒入油菜，加盐、鸡粉、生抽翻炒至食材入味，盛出即可。

南瓜拌饭套餐

主食　南瓜拌饭	鸡蛋　蒸水蛋
配食　茄汁猪排	水果　苹果
饮品　牛奶	

『主食』南瓜拌饭

材料 南瓜90克，芥菜60克，大米150克

调料 盐少许

制作 ①把南瓜去皮、瓤，洗净，切成粒；芥菜洗好切成粒；将大米洗净倒入碗中，加入适量清水。

②分别将大米和南瓜放入烧开的蒸锅中，盖上盖，用中火蒸20分钟取出待用。

③锅中注水烧开，放入芥菜煮沸，放入米饭，搅拌均匀，放入蒸好的南瓜。

④在锅中加入适量盐，用勺拌匀调味，盛出装碗即可。

配餐原因 主食中加入了可促进胃肠蠕动的南瓜，对于消化能力较弱的孩子来说十分有利；配食中，茄汁猪排对于食欲不振的孩子有着很好的开胃、补钙、健脑之功效；蒸水蛋能改善记忆力；牛奶可增高助长；苹果有助于消化。

『配食』茄汁猪排

材料 猪里脊肉300克，西蓝花80克，番茄100克，芥蓝梗35克

调料 盐、鸡粉、白糖、植物油各适量，番茄酱30克

制作 ①将材料洗净；番茄切粒；西蓝花掰成朵；猪里脊肉切丁，绞成粒状，加盐、鸡粉拌成肉饼。

②芥蓝梗和西蓝花分别焯水至熟，捞出；肉饼小火煎熟；锅中倒入番茄、水、番茄酱、白糖、盐、肉饼炒片刻盛出，摆上芥蓝梗、西蓝花后，浇汁即可。

『主食』菠萝蒸饭

材料 菠萝肉70克，大米75克，牛奶50克

制作 ①大米洗净，装碗注水待用；菠萝肉洗净，切粒。

②蒸锅加水烧开，放入大米，中火蒸30分钟，至大米熟软。

③打开锅盖，将菠萝粒放在米饭上，加入牛奶。

④盖上盖，用中火蒸15分钟后揭盖，把蒸好的菠萝米饭取出。

⑤稍冷却后即可食用。

『汤品』三丝紫菜汤

材料 香干150克，鲜香菇50克，水发紫菜100克

调料 盐、鸡粉各2克，料酒4克，植物油、胡椒粉、姜丝、葱花各少许

制作 ①香干、鲜香菇分别洗净，切成丝。

②用油起锅，放姜丝爆香，倒香菇炒匀，淋料酒炒香，加水煮沸；倒入香干、紫菜煮沸，加盐、鸡粉、胡椒粉拌匀煮沸。

③把煮好的汤料盛出，装入汤碗中，撒入葱花即可。

菠萝蒸饭可开胃、补充体力；配食可为人体补充丰富的蛋白质、维生素C；水煮蛋可补虚强身；三丝紫菜汤可清热利水；梨可润肺。

『配食』鸡丝苦瓜

材料 鸡胸肉100克，苦瓜110克

调料 盐、鸡粉、白糖、料酒各2克，水淀粉4克，姜末、植物油各少许

制作 ①苦瓜洗净，去瓤，切条；鸡胸肉洗净，切成丝，放盐、鸡粉、水淀粉拌匀，注油腌渍10分钟。

②沸水中放盐，倒入苦瓜，中火煮2分钟捞出；用油起锅，下入姜末、鸡肉、料酒、苦瓜炒熟，加盐、白糖调味，倒入水淀粉勾芡，盛出装盘即可。

『配食』三丝面饼

材料 西葫芦65克，鸡蛋2个，胡萝卜40克，鲜香菇20克，面粉90克

调料 盐2克，葱花少许

制作 ①香菇洗净切片；胡萝卜、西葫芦分别洗净切丝；鸡蛋打散调匀。

②分别将胡萝卜、香菇、西葫芦焯水捞出；面粉中加盐、蛋液，放焯水的食材加葱花拌匀；煎锅倒入面糊摊平，小火将面糊煎至焦黄，切块即可。

『主食』鲜蔬牛肉饭

材料 米饭150克，牛肉70克，胡萝卜35克，西蓝花、洋葱各30克，小白菜20克

调料 盐、鸡粉、生抽、植物油各少许

制作 ①小白菜洗净切段；胡萝卜洗净切薄片；洋葱洗净切小块；西蓝花洗净切朵；牛肉洗净切片，加生抽、鸡粉腌渍10分钟；胡萝卜、西蓝花、小白菜分别焯水。

②另起油锅，倒入牛肉片炒变色，加洋葱、米饭、生抽、盐、鸡粉炒匀，下入焯水的食材炒熟透即可。

『汤品』虾仁苋菜汤

材料 苋菜200克，肉末70克，虾仁65克，枸杞15克

调料 盐、鸡粉各2克，水淀粉7克

制作 ①枸杞洗净；苋菜洗净切段；虾仁洗好，加盐、鸡粉、水淀粉拌匀腌渍片刻。

②锅加水烧开，加盐、鸡粉、枸杞、肉末搅匀，放入虾仁大火煮沸至虾身弯曲，再倒入苋菜，煮至全部食材熟软、入味。

③盛出，装入汤碗中即可。

主食可为人体提供能量，补充蛋白质、脂肪、卵磷脂；配食可为人体补充B族维生素、维生素C；虾仁苋菜汤能降火祛痰、补虚强身。

『主食』豆干肉末饭

材料 豆腐干100克，猪瘦肉200克，米饭150克

调料 盐、葱花、植物油各少许，鸡粉2克，生抽4克，料酒2克

制作 ①豆腐干洗净，切丁；猪瘦肉洗净，切丁，加盐、鸡粉腌渍10分钟。
②用油起锅，倒入肉丁翻炒，放入豆腐干炒匀，加料酒、生抽。
③倒入米饭炒匀，放入葱花，拌炒至米饭入味即可。

『汤品』裙带菜鸭血汤

材料 鸭血180克，圣女果40克，裙带菜50克

调料 鸡粉、盐各2克，胡椒粉、姜末、葱花、植物油各少许

制作 ①圣女果洗净切块；裙带菜洗好切丝；鸭血洗净切块。
②锅中加水，烧沸，倒入鸭血，汆去血渍，待鸭血断生后捞出。
③起油锅，下姜末爆香，放圣女果、裙带菜丝炒匀至食材出水后，加水、鸡粉、盐，用中火煮沸，倒入鸭血块，撒上胡椒粉煮至熟，盛出，撒上葱花即可。

配餐原因 主食可为人体提供多种维生素、蛋白质、糖类等营养成分；配食可健脑强体；鸭血汤能补血、清热解毒；橙子富含水分和维生素C，可增强抵抗力。

『配食』鸡丝炒百合

材料 鸡胸肉180克，鲜百合、青椒、红椒各35克

调料 盐3克，鸡粉2克，料酒4克，水淀粉、植物油各适量，姜片、蒜末、葱段各少许

制作 ①鸡胸肉洗净切丝，加鸡粉、盐拌匀腌渍10分钟；青椒、红椒分别洗净，去籽，切丝；百合洗净。
②起油锅，放鸡肉丝翻炒片刻盛出；再起油锅，下姜片、蒜末、葱段爆香，放青椒、红椒、百合、鸡肉丝、料酒、盐、鸡粉炒熟，淋水淀粉勾芡即可。

『配食』黄瓜炒土豆丝

材料 土豆120克，黄瓜110克

调料 鸡粉、水淀粉、盐、植物油各适量，葱末、蒜末各少许

制作 ①黄瓜洗净切丝；土豆去皮洗净，切丝。
②土豆丝加盐焯水半分钟至断生，捞出；起油锅，大火爆香蒜末、葱末，倒入黄瓜丝翻炒至出汁水，放土豆丝，快速翻炒至熟，加盐、鸡粉转中火炒入味，淋入水淀粉勾芡炒匀，盛出即可。

『主食』鱼干蔬菜炒饭

材料 米饭1碗，鱼干30克，青椒、红椒、胡萝卜、洋葱、芝麻各适量

调料 植物油、盐、酱油、白糖各少许

制作 ①把鱼干放筛网中轻摇去渣，洗净；胡萝卜、洋葱、青椒、红椒均洗净，切丁；芝麻洗净。
②起油锅，烧热后依次放入鱼干、胡萝卜、青椒、红椒和洋葱，大火翻炒均匀，倒入米饭，改中火炒至米饭呈黄色，加入盐、酱油、白糖、芝麻炒匀盛出即可。

『汤品』青菜肉末汤

材料 油菜100克，肉末85克

调料 盐、水淀粉、植物油各适量

制作 ①将油菜洗净，入沸水锅中，约半分钟至断生捞出，沥干水分晾凉后切成丝，再剁碎。
②起油锅，倒入肉末，搅松散，炒至变色，倒入适量清水拌匀，放入少许盐，搅拌入味，倒入油菜，搅匀，再淋入少许水淀粉，煮沸。
③将煮好的汤料盛出，装入碗中即可。

主食可为人体提供维生素C、蛋白质、糖类；配食可增高助长；水煮蛋可增强记忆力；青菜肉末汤则可补水补虚；猕猴桃可提高免疫力。

木桶菠萝饭套餐

主食	木桶菠萝饭	鸡蛋	煎蛋
配食	胡萝卜炒青豆	水果	香蕉
汤品	玉米虾仁汤		

『主食』木桶菠萝饭

材料 米饭400克，菠萝150克，豌豆、玉米粒各少许

调料 盐、鸡精各2克，植物油适量

制作 ①菠萝取果肉，洗净，切成丁；豌豆、玉米粒均洗净，用沸水焯熟后待用。

②油锅烧热，放入米饭炒透，倒入菠萝果肉、豌豆、玉米粒，翻炒均匀。

③加入适量的盐、鸡精调味炒匀，盛入木桶中即可。

『汤品』玉米虾仁汤

材料 番茄70克，西蓝花65克，虾仁60克，鲜玉米粒50克

调料 盐2克，高汤200毫升

制作 ①番茄、玉米粒、西蓝花均洗净，切碎剁末；虾仁洗净，剁成末。

②锅中倒入高汤、番茄和玉米碎搅拌均匀，煮沸后转小火煮约3分钟，倒入西蓝花拌匀，大火煮沸，加盐调味，然后加虾肉末拌匀，用中小火续煮片刻至食材熟透，盛出即可。

配餐原因

主食口感鲜甜而清香，有利于开胃；配食可为人体补充蛋白质、不饱和脂肪酸；水煮蛋可补虚护肝；玉米虾仁汤可改善神经衰弱；香蕉可以缓解压力。

『配食』胡萝卜炒青豆

材料 肉末、青豆各90克，胡萝卜100克

调料 盐3克，生抽4克，水淀粉、植物油各适量，鸡粉、姜末、蒜末、葱末各少许

制作 ①胡萝卜洗净切粒；青豆洗净，放入沸水锅中，加盐，焯至断生捞出，待用。

②起油锅，倒入肉末炒松散，下姜末、蒜末、葱末炒香，加生抽、胡萝卜粒、青豆，用中火翻炒片刻，转小火，加盐、鸡粉调味，淋水淀粉勾芡即可。

蔬菜蛋包饭套餐

主食　蔬菜蛋包饭
配食　苦瓜炒虾球
饮品　牛奶
水果　香蕉

『主食』蔬菜蛋包饭

材料 大米100克，鸡蛋2个，番茄、豌豆各少许

调料 盐、水淀粉、植物油各适量

制作 ①大米洗净；番茄洗净切丁；豌豆洗净；鸡蛋打散，加盐拌成蛋汁。

②大米放炖盅内加水煮熟；起油锅将蛋汁煎成大饼状，关火盛出；把米饭倒扣盘中，鸡蛋裹在米饭上；番茄、豌豆炒熟，加盐、水淀粉翻炒调成味汁淋在鸡蛋上即可。

『配食』苦瓜炒虾球

原料 苦瓜120克，虾仁80克

调料 盐、鸡粉各3克，料酒5克，泡椒10克，黑胡椒粉8克，姜片、蒜末、植物油各适量

制作 ①苦瓜去瓤，洗净切块，焯水去苦味；虾仁洗净，加盐、鸡粉拌匀，腌渍15分钟。

②起油锅，放入姜片、蒜末、泡椒爆香，倒入虾仁炒散，淋上料酒炒匀。

③放入苦瓜大火翻炒至熟，加入盐、鸡粉调味，撒上黑胡椒粉即可。

蔬菜蛋包饭有助于增食欲、补虚弱、益智力，可为孩子提供丰富的蛋白质和维生素；配食中，苦瓜炒虾球能为人体补充丰富的蛋白质、脂肪、膳食纤维、维生素C；牛奶可补钙、强身、助长；香蕉能清肠胃、缓解便秘。此套餐既富含营养，又能开胃，适合孩子食用。

葡国鸡皇焗饭套餐

主食	葡国鸡皇焗饭	水果	芒果
配食	腰果鸡丁		
饮品	豆浆		

『主食』葡国鸡皇焗饭

材料 米饭450克，蛋液、发酵粉、面粉、青椒片、红椒片、鸡肉丝各适量

调料 盐、味精、植物油各少许

制作 ①米饭盛入铺有锡纸的盘中，抹平，均匀地洒上少许水。

②油锅烧热，放入鸡肉丝炒至变色，放入青、红椒片翻炒均匀，熄火，倒入余下的食材和调味料，搅拌均匀，铺在米饭上，抹平。

③将盘放入烤箱，烤至金黄色即可。

『配食』腰果鸡丁

材料 腰果200克，鸡肉150克，红椒1个

调料 盐4克，味精3克，葱10克，植物油适量

制作 ①将鸡肉洗净，切成丁；红椒洗净，切成丁；葱洗净切成圈。

②锅中加油烧热，放入腰果快速炒炸至香脆。

③原锅内加入红椒丁、葱圈、鸡丁炒熟后，调入盐、味精炒匀即可。

配餐原因 此套餐的主食葡国鸡皇焗饭含有蛋类、素菜、肉类，营养丰富，可为大脑和机体提供蛋白质、维生素C等成分；配食中，腰果鸡丁有很好的补虚、健脑益智作用；豆浆适合缺钙的儿童饮用；芒果有益胃、止呕的作用。

奶酪蘑菇粥套餐

主食	奶酪蘑菇粥	鸡蛋	水煮蛋
配食	火腿花菜	水果	草莓
小吃	煮玉米		

『主食』奶酪蘑菇粥

材料 肉末35克，口蘑45克，菠菜50克，奶酪、胡萝卜各40克，大米100克

调料 盐少许

制作 ①口蘑洗净切丁；胡萝卜、菠菜分别洗净切粒；奶酪切条；大米洗净泡好。②汤锅注水烧开，倒入大米拌匀煮开，放入胡萝卜、口蘑拌匀，烧开后转小火煮至大米熟烂，倒入肉末、菠菜拌匀煮沸，放入盐调味，盛出放上奶酪即可。

『配食』火腿花菜

材料 火腿80克，花菜200克

调料 盐3克，鸡粉、水淀粉各2克，姜片、蒜末、葱段、植物油各少许

制作 ①花菜洗净切块，入沸水锅，加盐、油焯至断生捞出；火腿切片。②用油起锅，放姜片、蒜末爆香，倒入火腿片、花菜翻炒至熟，放入盐、鸡粉调味，加水淀粉勾芡，撒上葱段拌炒均匀即可。

主食奶酪蘑菇粥中蔬菜居多，肉类次之，有利于孩子消化吸收，可补充孩子所需的蛋白质、铁、镁、胡萝卜素等成分；配食中，火腿花菜能补充多种氨基酸、维生素等成分；水煮蛋可增强记忆力；煮玉米健脾益胃，可促进胃肠蠕动，有利排泄；草莓有明目养肝、利消化的作用。

果蔬粥套餐

主食	果蔬粥	鸡蛋	煎蛋
配食	葱爆肉片	水果	苹果
小吃	煮紫薯		

『主食』果蔬粥

材料 大白菜30克，百合15克，雪梨、马蹄肉各45克，板栗仁35克，葡萄干20克，大米110克

调料 盐少许

制作 ①马蹄肉、板栗仁、百合、大白菜均洗净，切成粒；雪梨洗净去皮、核，切成粒。

②大米洗净放沸水锅中，小火煮熟，放葡萄干、板栗仁、雪梨、百合、马蹄肉拌匀，再放大白菜拌匀，盖上盖，小火煮熟，揭盖，加盐调味，盛出即可。

『配食』葱爆肉片

材料 大葱90克，瘦肉120克

调料 盐2克，鸡粉少许，生抽3克，水淀粉10克，植物油适量

制作 ①大葱洗净，斜切成段；瘦肉洗好切片，加盐、鸡粉拌匀，再加水淀粉，拌匀上浆，注油，腌渍约10分钟。

②用油起锅，倒入瘦肉片，炒至变色，倒入大葱炒香，加少许生抽，炒匀。

③加入少许盐，翻炒至食材入味。

④关火后盛出炒制好的菜肴即可。

配餐原因

果蔬粥清甜润喉，可为人体补充维生素、纤维素、蛋白质，有助于益胃生津，清燥润肺，润肠通便；葱爆肉片能为人体提供多种优质氨基酸和矿物质；煎蛋可调节胃口，促进脑发育；煮紫薯抗疲劳、抗衰老；苹果益智效果很好。

『主食』鸡蛋瘦肉粥

材料 大米110克，鸡蛋1个，猪瘦肉60克

调料 盐、鸡粉各2克，葱花少许

制作 ①鸡蛋打散，制成蛋液；猪瘦肉洗净，剁成肉末。
②锅中注水烧开，倒入泡好的大米，拌匀，煮沸后用小火煮约30分钟，至米粒变软，放入肉末拌匀，煮片刻至肉末松散。
③加盐、鸡粉，放入蛋液，煮至液面浮起蛋花，撒上葱花，拌匀至散发出葱香味。
④关火，盛出即可。

『小吃』椰香芋蓉包

皮料 面团500克

馅料 芋蓉馅30克

制作 ①将面团揉匀揉透，搓成长条，揪成剂子。
②将面剂压扁，包入芋蓉馅。
③将面皮包好，封口处捏好。
④上笼蒸15分钟至熟即可。

『配食』虾酱蒸鸡翅

材料 鸡翅120克

调料 盐、老抽、姜末、葱花各少许，生抽3克，虾酱、生粉各适量

制作 ①鸡翅洗净，打上花刀，淋入生抽、老抽，撒上姜末，加虾酱、盐、生粉拌匀，腌渍15分钟。
②将腌渍好的鸡翅摆在盘子上，放进已烧开的蒸锅里，盖上锅盖，用中火蒸约30分钟至食材熟透，揭开盖，取出蒸好的鸡翅，撒上葱花即可。

此套餐主食部分富含孩子成长所必需的蛋白质，对于大脑发育和机体生长特别重要；虾酱蒸鸡翅富含胶原蛋白，可促护皮肤、增强免疫力；椰香芋蓉包搭配主食，可改善食欲；猕猴桃有促进心脏健康的作用。

芝麻杏仁粥套餐

主食	芝麻杏仁粥	鸡蛋	蒸水蛋
配食	豆皮炒青菜	水果	葡萄
小吃	牛肉煎包		

『主食』芝麻杏仁粥

材料 大米120克，黑芝麻6克，杏仁12克

调料 冰糖25克

制作 ①锅中注水烧热，放入洗净的杏仁，倒入泡好的大米，撒上洗净的黑芝麻，拌匀。
②盖上盖，用大火煮沸，再转小火煮约30分钟，至米粒变软。
③取下盖，放入备好的冰糖，用中火续煮至糖完全溶化。
④关火后盛出煮好的粥，装在碗中即可。

『小吃』牛肉煎包

皮料 面粉100克

馅料 鲜牛肉100克，白糖少许，发酵粉10克，盐、植物油各少许

制作 ①面粉加少许水、白糖、发酵粉和匀后擀成面皮。
②鲜牛肉洗净剁成泥状，成馅，加盐拌匀，包入面皮中，包口掐成花状，折数不少于18次。
③锅中放油，将包坯下锅中，煎至金黄色即可。

黑芝麻可活化脑细胞；配食可增进食欲，为人体补充植物蛋白、维生素；蒸水蛋适合儿童食用，可促进大脑发育；牛肉煎包可以补充丰富的动物蛋白；葡萄能生津除烦。

『配食』豆皮炒青菜

材料 豆皮30克，油菜75克

调料 盐、生抽、水淀粉各2克，鸡粉、植物油各少许

制作 ①豆皮洗净切成小块；油菜洗净切成小块。
②热锅注油，烧至四成热，放入豆皮，煎至酥脆，盛出，待用；锅底留油，倒入油菜，翻炒片刻，加入盐、鸡粉，下入炸好的豆皮，翻炒均匀，淋入少许生抽，炒至豆皮松软，倒入水淀粉勾芡，将炒好的菜盛出，装入盘中即可。

五色粥套餐

主食	五色粥	鸡蛋	蒸水蛋
配食	口蘑炒火腿	水果	草莓
小吃	蒸芋头		

『主食』五色粥

材料 鲜玉米粒50克，青豆65克，鲜香菇20克，胡萝卜40克，大米100克

调料 冰糖35克

制作 ①胡萝卜、香菇均洗净切粒；玉米粒、青豆分别洗净。

②汤锅中注水烧开，倒入泡好的大米，拌匀，盖上盖，用小火煮至熟软，揭盖，倒入香菇、胡萝卜、玉米粒、青豆，盖上盖，用小火煮至食材熟透，揭盖，放入冰糖拌匀，煮至冰糖溶化，盛出即可。

『配食』口蘑炒火腿

材料 口蘑100克，火腿180克，青椒25克

调料 盐、鸡粉各2克，生抽、植物油、料酒各适量，姜片、蒜末、葱段各少许

制作 ①口蘑洗净切片；青椒洗净，去籽，切块；火腿肠去除外包装，切片。

②口蘑、青椒分别焯熟；热锅注油，倒火腿炸半分钟盛出；锅底留油，放姜片、蒜末、葱段爆香，放口蘑、青椒、火腿肠炒匀，加料酒、生抽、盐、鸡粉调味即可。

五色粥外观炫丽，口感糯爽，可为人体补充丰富的蛋白质、维生素、纤维素，促进脑细胞功能、利尿；口蘑炒火腿可为人体提供丰富的蛋白质；蒸水蛋可健脾助消化；蒸芋头易消化，能补益肝肾；草莓鲜嫩多汁，能润肺生津。

丝瓜瘦肉粥套餐

主食	丝瓜瘦肉粥	鸡蛋	煎蛋
配食	火腿炒荷兰豆	水果	香蕉
小吃	煮红薯		

『主食』丝瓜瘦肉粥

材料 丝瓜45克，瘦肉60克，大米100克

调料 盐2克

制作 ①丝瓜去皮洗净，切粒；瘦肉洗好，剁成肉末；大米洗净。

②锅中注入适量清水，用大火煮沸，倒入大米，盖上盖，用小火煮30分钟至大米熟烂，揭盖，倒入肉末、丝瓜拌匀煮沸，加盐拌匀调味盛出即可。

『配食』火腿炒荷兰豆

材料 青椒75克，彩椒20克，荷兰豆40克，火腿120克

调料 盐、料酒各3克，鸡粉2克，姜片、葱段、植物油各少许

制作 ①青椒、彩椒均洗净去籽，切块，焯熟；荷兰豆洗净焯熟；火腿切条。

②起油锅，放火腿炒香，盛出；锅留底油，下姜片、葱段炒香，倒入全部食材炒匀，加料酒、盐、鸡粉调味，盛出即可。

配餐原因

丝瓜瘦肉粥含蛋白质、脂肪、碳水化合物、膳食纤维等成分，有健脑、强身效果；火腿炒荷兰豆可提高食欲、增强免疫力；煎蛋可改善记忆力；煮红薯可促进消化吸收；香蕉有润肠通便的作用。

『配食』番茄炒秀珍菇

材料 番茄90克，秀珍菇45克

调料 盐、白糖各2克，鸡粉、植物油、水淀粉各适量

制作 ①番茄洗净切块；秀珍菇洗净切块。

②锅中注水烧开，加少许盐，倒入秀珍菇煮半分钟后捞出，沥干水分待用。

③起油锅，倒入番茄、秀珍菇，翻炒出汁，加盐、鸡粉、白糖炒至入味，淋入水淀粉，拌炒至汤汁浓稠，将菜盛出即可。

『主食』蛋花麦片粥

材料 鸡蛋1个，燕麦片50克

调料 盐2克

制作 ①将鸡蛋打入碗中，用筷子打散，调匀。

②锅中注入适量水烧开，倒入燕麦片，搅拌均匀。

③盖上盖，用小火煮20分钟，至燕麦片熟烂。

④揭盖，倒入备好的蛋液，搅拌均匀。

⑤加入适量盐，拌匀煮沸。

⑥将锅中煮好的粥盛出，装入碗中即可。

『小吃』煎饺

皮料 饺子皮5个

馅料 猪肉、包菜各30克，韭菜50克，洋葱1个，蒜、盐、味精、蚝油、香油、生抽、胡椒粉、植物油各适量

制作 ①猪肉、蒜、洋葱、包菜、韭菜均洗净剁成泥，倒在一起搅拌均匀，再加入盐、味精、蚝油、香油、生抽搅匀，包成饺子即可。

②煎锅放油烧热，放入饺子生坯，煎至金黄色熟透，撒上胡椒粉，盛出，装盘即可。

主食馨香可口，富含蛋白质；配食可提高食欲，补充氨基酸、维生素；水煮蛋能提高孩子的记忆力；煎饺能改善单一的口感；梨清甜润肺。

『主食』板栗粥

材料 板栗仁90克，大米120克

调料 盐2克

制作 ①板栗仁洗好切碎，装入碗中；大米洗净，泡好。
②锅中注入清水，倒入板栗末。
③盖上盖，用大火煮沸。
④揭盖，下入大米，搅拌均匀。
⑤盖上盖，用小火煮30分钟，至大米熟烂。
⑥加盐，拌匀调味。
⑦关火，盛出煮好的粥，装入碗中即可。

『小吃』四季豆猪肉包

皮料 面团200克

馅料 四季豆100克，猪肉200克，姜、盐、鸡精各适量

制作 ①四季豆洗净切碎，焯水，捞出；猪肉洗净剁碎；姜洗净切末。
②将剁好的猪肉加水搅拌，调入盐、鸡精、姜末，加入四季豆拌匀成馅；面团揉匀、下剂、按扁后擀成面皮。
③将拌匀的馅料放入面皮中央，做成提花生坯，饧发1小时后，蒸熟即可。

主食富含维生素、矿物质成分，可养胃健体；配食可补充蛋白质、维生素C等成分；包子、鸡蛋可增进食欲；苹果可防便秘、益智力。

『配食』鲜蚕豆炒虾肉

材料 蚕豆250克，虾肉80克

调料 生抽5克，盐3克，植物油适量

制作 ①将虾肉洗净，放入碗中，加盐、生抽略腌；蚕豆去壳，洗净，放在开水锅中焯水，捞出，沥干水分待用。
②油锅烧热，蚕豆放锅内，翻炒至熟，盛盘待用。
③油锅烧热，加入虾肉、生抽、盐炒香，倒在蚕豆上即可。

鸡肉米粥套餐

主食	鸡肉米粥	鸡蛋	水煮蛋
配食	排骨蒸菜心	水果	苹果
小吃	煮红薯		

『主食』鸡肉米粥

材料 鸡胸肉、胡萝卜各40克，圆白菜35克，豌豆20克，米饭120克

调料 盐2克

制作 ①锅中注水，倒入洗净的豌豆，烧开后小火煮3分钟捞出，切碎；圆白菜、胡萝卜均洗净切粒；鸡胸肉洗净剁末。②米饭倒入沸水锅中搅散，盖上盖，中火煮至软烂，揭盖，倒鸡肉、豌豆拌煮片刻，下胡萝卜、圆白菜煮至沸，加盐调味即可。

『配食』排骨蒸菜心

材料 菜心300克，排骨200克，豆豉适量，红椒5克

调料 葱5克，盐2克，酱油10克

制作 ①排骨洗净，剁成小块，用盐、豆豉腌至入味；菜心择好洗净；葱、红椒分别洗净切碎。
②将菜心整齐地码入盘中，上面铺排骨。
③放入蒸锅蒸20分钟，至熟后取出，淋上酱油，撒上葱花、红椒碎即可。

主食鸡肉米粥是健脑益智、强身的健康美粥，鲜甜可口，适合儿童食用；配食中，排骨蒸菜心可改善口感，为人体补充蛋白质、脂肪、膳食纤维；水煮蛋配粥，补虚、强志效果更佳；煮红薯有益气生津之功效；苹果可健脾益胃，润肠止泻，提高免疫力。

西蓝花米粥套餐

主食	西蓝花米粥	鸡蛋	蒸水蛋
配食	开胃猪排	水果	橙子
小吃	煮玉米		

『主食』西蓝花米粥

材料 西蓝花60克，胡萝卜50克，大米95克

调料 盐适量

制作 ①西蓝花洗净，切成朵，放沸水锅中焯水至断生，捞出，剁末；胡萝卜洗净切粒。

②大米洗净放沸水锅中，用小火煮30分钟至熟软，放胡萝卜拌匀，盖上盖，用小火煮5分钟至熟，揭盖，放入西蓝花煮沸，加盐调味盛出即可。

『配食』开胃猪排

材料 猪排300克，菠萝少许

调料 盐、水淀粉、植物油各适量

制作 ①猪排洗净，加盐腌渍入味；菠萝洗净，取肉切丁。

②将腌渍好的猪排放入烤箱中烤熟，取出，放入盘中。

③锅烧热，倒上少许油，下入菠萝翻炒一会儿，加水淀粉勾芡，起锅淋在猪排上即可。

配餐原因

主食营养丰富，能为人体补充维生素，有强身、增强视力的功效；开胃猪排可促食欲，补充蛋白质、钙质；蒸水蛋可提高孩子的记忆力；煮玉米可预防心脏病；橙子富含水分和维生素，能消积食、增强免疫力。

『主食』红薯米粥

材料 红薯85克，大米80克

调料 白糖少许

制作 ①将红薯去皮，洗净，切成粒，装入盘中待用；大米洗净。

②锅中注入适量清水，用大火烧开，倒入大米，拌匀。

③下入红薯，搅匀，用小火煮30分钟，至大米熟烂，加少许白糖，搅拌均匀。

④煮片刻，把煮好的粥盛出，装入碗中即可。

『小吃』干贝小笼包

皮料 面团300克

馅料 肉馅100克，干贝、盐各适量

制作 ①将面团揉透后，搓成长条，再切成面剂；干贝洗净切成细粒，与肉馅、盐拌匀。

②将面剂擀成薄皮后，再放上适量馅。

③将面皮包好，封口处捏紧，放置饧发半小时，再上笼蒸7～8分钟即可。

『配食』胡萝卜炒牛肉

材料 牛肉150克，胡萝卜、洋葱各30克

调料 盐、胡椒粉、植物油、香油、葱段各适量

制作 ①牛肉洗净，切薄片，用胡椒粉抓匀，腌渍10分钟；胡萝卜洗净切片；洋葱洗净切碎。

②油锅置火上，烧至六成热，倒入牛肉炒至变色，再放入洋葱、胡萝卜炒至熟。

③加盐、胡椒粉调味，淋入香油，起锅前倒入葱段翻炒1分钟即可。

主食富含膳食纤维，可为人体补充能量，有促进消化的功效；配食可为人体补充蛋白质；煎蛋能补虚、强志；干贝小笼包能改善消化功能；香蕉能够通便排毒。

『主食』果味粥

材料 猕猴桃40克，圣女果35克，燕麦片70克，牛奶150克，葡萄干30克

制作 ①圣女果洗净切丁；猕猴桃洗净，去皮，取肉切丁。

②汤锅中注入适量清水烧热，放入洗净的葡萄干，盖上盖，烧开后煮3分钟，揭盖，倒入牛奶，放入燕麦片拌匀，小火煮5分钟，至呈黏稠状，倒入部分猕猴桃，搅拌均匀。

③将锅中粥盛出装碗，放入圣女果和剩余的猕猴桃即可。

『小吃』鲜虾菜肉包

皮料 面皮10张

馅料 虾仁（去皮）、猪肉末各20克，大白菜40克，冬菇适量，盐4克，味精、糖各8克，老抽、生抽、香油各少量

制作 ①大白菜、冬菇分别洗净，切末；虾仁洗净打成胶状；将大白菜末、冬菇末、猪肉末、虾仁倒在一起加入调味料拌匀。

②取一面皮，内放20克馅料，将面皮提起来，打褶包好，再将顶部面皮捏紧，将包子生坯饧发1小时左右，上笼蒸约10分钟，取出即可。

配餐原因 主食可为人体补充钙质、维生素C；配食开胃效果明显，能补益大脑、改善甜腻感；鲜虾菜肉包能提高人体对肉类营养的吸收率；猕猴桃有助消化的作用。

『配食』榨菜煎鸡蛋

材料 鸡蛋2个，西蓝花200克，榨菜丝50克

调料 盐3克，植物油适量

制作 ①西蓝花洗净，掰成小朵。

②将西蓝花入烧沸的盐水中焯熟，捞出。

③将鸡蛋打入碗中，加适量盐搅匀。

④榨菜丝放入鸡蛋中搅拌，入油锅煎成蛋饼，切成三角状入盘，再摆上西蓝花即可。

枣泥小米粥套餐

主食	枣泥小米粥	鸡蛋	蒸水蛋
配食	四宝西蓝花	水果	菠萝
小吃	煮紫薯		

『主食』枣泥小米粥

材料 小米85克，红枣20克

调料 白糖少许

制作 ①蒸锅加水上火烧沸，红枣洗净装盘，放进蒸锅，盖上锅盖，用中火蒸至红枣变软，揭盖，取出晾凉，切开取出果核，剁成细末，捣成红枣泥，待用。
②小米洗净，倒入沸水锅中，搅拌至米粒散开，盖上盖，用小火煮至米粒熟透，揭盖，加入红枣泥拌匀，煮沸即可。

『配食』四宝西蓝花

材料 鸣门卷、西蓝花、虾仁、滑子菇各50克

调料 盐、味精各3克，醋、香油各适量

制作 ①鸣门卷洗净，切成片；西蓝花洗净，掰成朵；虾仁、滑子菇均洗净。
②将鸣门卷、西蓝花、虾仁、滑子菇分别放入沸水锅中煮至断生，捞出，倒在一起拌匀，调入盐、味精、醋拌匀，淋入香油即可。

主食枣泥小米粥富含维生素、钙、铁等多种营养成分，可补血健胃，提高人体免疫力，增强食欲；配食中，四宝西蓝花富含维生素C，可增强孩子的抵抗力；蒸水蛋可预防孩子出现记忆力衰退的症状；煮紫薯可促进排泄、助减肥；菠萝可改善消化不良。

鲈鱼豆腐粥套餐

主食	鲈鱼豆腐粥	鸡蛋	煎蛋
配食	虾菇油菜心	水果	苹果
小吃	蒸芋头		

『主食』鲈鱼豆腐粥

材料 鲜鲈鱼100克，嫩豆腐90克，大白菜85克，大米60克

调料 盐少许

制作 ①嫩豆腐洗好切块；鲈鱼洗净，剔除鱼骨，去除鱼皮，蒸熟，压碎剁末成泥；大白菜洗净剁末；大米洗净磨成米碎。

②汤锅中注水烧开，下米碎，煮片刻转中火，依次放鱼肉泥、大白菜末，煮至熟，加盐调味，下豆腐搅碎，煮熟即可。

『配食』虾菇油菜心

材料 小油菜100克，鲜香菇60克，虾仁50克

调料 盐、鸡粉、料酒各3克，水淀粉、姜片、葱段、蒜末各少许，植物油适量

制作 ①香菇洗净切片，焯水待用；虾仁洗好，加盐、鸡粉、水淀粉拌匀，注油腌渍；小油菜洗净，焯熟待用。

②起油锅，放姜片、蒜末、葱段爆香，倒入香菇、虾仁炒匀，淋入料酒，炒至虾身呈淡红色，加盐、鸡粉快炒片刻至熟，倒入已摆好小油菜的盘中即可。

配餐原因 此主食以健脑、强身的功效为主，适合处于青少年期的孩子食用；配食中，虾菇油菜心可为人体补充蛋白质、钙、膳食纤维；煎蛋可补充核黄素、卵磷脂等成分，能改善记忆力；蒸芋头开胃生津；苹果可润肺除烦。

『配食』核桃仁小炒肉

材料 水发茶树菇70克，猪瘦肉120克，彩椒50克，核桃仁30克

调料 盐、鸡粉2克，生抽4克，姜片、蒜末各少许，水淀粉、植物油各适量

制作 ①彩椒、猪瘦肉分别洗净，切条；猪肉加盐、鸡粉、生抽、水淀粉拌匀，注油腌渍10分钟；茶树菇、彩椒分别焯水2分钟；核桃仁炸香。

②起油锅，倒肉片炒至变色，放姜片、蒜末、茶树菇和彩椒、生抽、盐、鸡粉炒匀装盘，放核桃仁即可。

『主食』糯米红薯粥

材料 红豆90克，糯米65克，板栗仁85克，红薯100克

调料 白糖7克

制作 ①糯米洗净磨成糯米粉；红豆泡好，磨成红豆末；红薯去皮，洗净，切片；板栗仁洗好切块，分别将红薯、板栗仁用大火蒸约15分钟后，晾凉，红薯剁末，板栗切丁。

②将糯米粉煮片刻，倒红豆粉拌匀至稠，下板栗丁、红薯末搅拌片刻，用中火续煮片刻，制成米糊，加白糖，煮至溶化，盛出即可。

『小吃』豆沙饼

皮料 春卷油皮适量

馅料 圆粒豆沙馅、熟芝麻、熟花生、植物油各适量

制作 ①先将熟花生压碎，加入熟芝麻，再放入豆沙馅拌匀，将拌好的馅料搓紧，放在春卷皮其中一边。

②将馅料卷起，用菜刀压平，再分切成块。

③平底锅加入生油烧热，将饼坯煎透即可。

主食香糯爽口，可养胃、补血、益气力；配食能为人体补充蛋白质、脂肪、钙、铁等成分；水煮蛋健脑益智；豆沙饼能提高食欲；橙子开胃消食。

Part 2 包子、馒头、花卷

搭配出的美味营养早餐

妈妈们都应该知道，孩子们的早餐理应丰富多彩，这样才能保证营养均衡且不易吃腻。包子、馒头、花卷这三类常见早餐精品均是以面粉为主料，通过融入其他食材，做成一定形状，使用蒸锅或者蒸笼，以大火蒸熟的营养美食。本章所示的这三大类美食，均有着外观新颖、口感软糯、唇齿留香、营养丰富等特点，不仅可以成为好妈妈们的早餐秘密武器，更是孩子们每一天学习和成长的动力来源。

孜然牛肉包套餐

主食	孜然牛肉包	鸡蛋	蒸水蛋
配食	炝黄瓜条	水果	香蕉
饮品	牛奶		

『主食』孜然牛肉包

皮料 面团500克

馅料 牛肉末80克，孜然粉、香菜末、盐、椰浆、白糖、老抽、生抽、五香粉各适量

制作 ①将备好的牛肉末加入所有调味料拌匀成馅料，待用。

②将面团揪成大小均匀的面剂，再用擀面杖将面剂擀成厚度适中的面皮，取约20克的馅料放入一面皮中，打褶包好。

③将包好的包子生坯放置在案板上，饧发片刻，再上笼蒸熟即可。

『配食』炝黄瓜条

材料 黄瓜200克

调料 盐、鸡粉、生抽各2克，凉拌醋8克，干辣椒、花椒、植物油各适量

制作 ①黄瓜洗净去瓤切条，加入盐，拌匀后腌渍10分钟；干辣椒洗净，切段。

②锅注油加热后放花椒炒香，滤出花椒，放干辣椒炒香，倒入凉拌醋、生抽、盐、鸡粉、黄瓜条炒匀调味。

③将黄瓜条夹入盘中，浇上剩余的味汁即可。

包子易于消化吸收，能为孩子大脑发育提供所需营养成分；孜然可增强孩子食欲。配食中的炝黄瓜条可提供纤维和维生素，与主食相得益彰，能让孩子身心舒畅、思维活跃。喝点牛奶，吃点蒸水蛋，可以增强体质、健脑益智。最后来根香蕉，可养心、缓解疲劳，让孩子的心情整天都愉悦。

青椒猪肉包套餐

主食	青椒猪肉包	鸡蛋	煎蛋
配食	菠菜拌胡萝卜	水果	苹果
饮品	豆浆		

『主食』青椒猪肉包

皮料 面团200克

馅料 青椒50克，五花肉馅100克，姜末15克，盐3克，鸡精2克，香油15克

制作 ①青椒洗净去蒂和籽，焯沸水后，捞出切碎。

②肉馅放入碗中，加水和青椒搅匀，调入盐、鸡精、香油和姜末拌匀。

③面团揉匀，搓成长条，揪成剂子，撒上一层干面粉，按扁，再擀成薄面皮。

④将拌匀的馅料放入面皮中央，包成生坯，饧片刻，用大火蒸熟即可。

『配食』菠菜拌胡萝卜

材料 胡萝卜80克，菠菜90克

调料 蒜末、葱花各12克，盐3克，鸡粉、香油各2克，生抽6克，食用油适量

制作 ①胡萝卜洗净切丝；菠菜洗净，去根切段。

②锅注水烧开，加入食用油、盐，放入胡萝卜丝煮约1分钟，捞出；再倒入菠菜煮约半分钟，捞出沥干水分。

③将焯好的食材装入碗中，撒上蒜末、葱花、盐、鸡粉、生抽、香油拌匀。入味，盛入盘中，摆好即可。

配餐原因

早餐食用此包子可开胃，还可为人体提供优质蛋白质、脂肪、维生素等成分，能够促进孩子身体的生长发育；早餐给孩子多搭配一些少油或者无油、纤维素含量较高的食物，是明智的选择，比如配食中的菠菜、胡萝卜。

『配食』蒜薹炒肉丝

材料 蒜薹80克，牛肉120克，彩椒60克

调料 盐、水淀粉各4克，鸡粉、白糖各2克，料酒、生抽各5克，蒜末、葱段、植物油各少许

制作 ①蒜薹洗净，切段，焯水；彩椒洗净，切丝；牛肉洗净，切丝。

②用油起锅，倒入蒜末、葱段爆香，放牛肉翻炒，加料酒调味，放入蒜薹、彩椒翻炒至断生，加盐、鸡粉、白糖、生抽炒匀调味，加水淀粉勾芡即可。

『主食』花生白糖包

皮料 面团300克

馅料 白糖15克，花生末40克，花生酱20克，食用油适量

制作 ①把花生末装入碗中，加入白糖、花生酱调匀成馅料。

②取适量面团，搓成长条形，揪数个剂子，待用。

③在案板上撒少许面粉，放上剂子擀成中间厚、四周薄的面皮，取适量馅料，包成花生包生坯。

④在蒸盘上刷一层食用油，放上花生包生坯，静置10分钟，再用大火蒸约10分钟至熟即可。

『汤品』枸杞原味白菜心

材料 白菜心50克，枸杞10克

调料 盐1克，味精2克，生姜5克，植物油适量

制作 ①白菜心洗净，掰开；枸杞洗净；生姜洗净，切片。

②锅置于火上，加入少量植物油烧热，注入适量的清水，加入处理好的白菜心、枸杞、姜片焖煮片刻。

③煮至沸时，加入盐、味精调味即可。

花生能为孩子身体生长发育提供所需营养成分；配食可提供维生素、优质蛋白等；汤品优化了营养物质的吸收；梨可润肺止咳；煎蛋可补充营养。

『主食』水晶包

皮料 澄面面团300克

馅料 虾仁、肉末、香菇粒、胡萝卜粒各40克，猪油、白糖、生抽各5克，盐4克，鸡粉3克，胡椒粉、芝麻油、生粉各适量

制作 ①虾仁洗净，切粒，装碗，加肉末、香菇粒、胡萝卜粒，放入调料，制成馅料。

②取面团，揪成数个小剂子，擀成面皮，包入馅料成包子生坯。

③把包底纸放入蒸笼中，再放入水晶包生坯，将蒸笼放入烧开的蒸锅中，大火蒸8分钟即可。

『汤品』什锦蔬菜汤

材料 白萝卜200克，番茄250克，玉米笋100克，绿豆芽15克，紫苏、白术各10克

调料 盐3克

制作 ①紫苏、白术分别洗净，加清水800毫升，以小火煮沸，滤取药汁备用。

②白萝卜去皮洗净，刨丝；番茄去蒂头，洗净，切片；玉米笋洗净切片；绿豆芽洗净。

③药汁放入锅中，加入全部蔬菜煮熟，放入盐调味即可。

配餐原因

主食可为人体提供蛋白质、维生素、铁等养分；配食可为人体补充纤维素、维生素；樱桃可增强胃功能、调中益气；蒸水蛋补充脑力；汤则滋润五脏。

『配食』虾菇青菜

材料 油菜85克，虾仁40克，鲜香菇35克

调料 盐3克，鸡粉2克，水淀粉、植物油各适量

制作 ①香菇、油菜分别洗净切丁；虾仁洗净切丁，放盐、鸡粉、水淀粉拌匀，注油腌渍10分钟。

②锅注水烧开，加油、盐、香菇略煮，倒入油菜煮约半分钟捞出，沥干水分，放在盘中，待用。

③用油起锅，倒入虾丁炒至虾身变色，放煮过的食材炒熟，加鸡粉、盐炒匀调味即可。

『配食』白灵菇炒鸡丁

材料 白灵菇200克，彩椒60克，鸡胸肉230克

调料 盐4克，鸡粉4克，水淀粉12克，姜片、植物油、蒜末、葱段各少许

制作 ①彩椒、白灵菇分别洗好切丁，加盐、鸡粉、油焯煮1分钟；鸡胸肉洗净切丁，放盐、鸡粉、水淀粉拌匀，注油腌渍10分钟，入油锅滑至变色盛出。

②锅留油，倒姜片、蒜末、葱段爆香，放彩椒和白灵菇、鸡肉、盐、鸡粉炒熟，淋水淀粉勾芡即可。

『主食』燕麦玉米鼠包

皮料 面粉400克，燕麦粉、酵母、砂糖、改良剂各适量

馅料 盐、鸡精、淀粉各7克，玉米、胡萝卜、冬菇、云耳各50克

制作 ①面粉开窝，加入燕麦粉等皮料，揉至面团纯滑，用保鲜膜包好稍饧。

②将松弛好的面团分割成每个30克的小面团，擀成圆薄面皮。

③将馅料混合拌匀成馅，包入面皮中，收口捏紧，捏出形状，放入蒸笼内，用大火蒸约8分钟即可。

『汤品』上汤油菜

材料 皮蛋100克，油菜200克，香菇、草菇各50克

调料 盐3克，蒜5克，枸杞5克，高汤400毫升

制作 ①皮蛋去壳切块；香菇、草菇分别洗净切块；枸杞洗净；蒜洗净，剁碎；油菜洗净。

②锅中倒高汤加热，放入油菜，在高汤中烫熟后摆放入盘。

③继续往汤中倒入皮蛋、香菇、草菇、枸杞，煮熟后加盐和蒜调味，出锅倒在油菜中间即可。

主食营养丰富，可为人体补充能量；配食可为人体提供蛋白质、维生素和纤维素；汤清淡润口，可促进消化、排泄；猕猴桃可促进消化、保护脑部活动。

『主食』燕麦菜心包

皮料 低筋面粉500克，砂糖100克，泡打粉、干酵母、改良剂各少许，燕麦粉100克

馅料 菜心、猪肉各100克，盐、鸡精、玉米粉各适量

制作 ①菜心、猪肉分别洗净、切碎，与调料混合拌匀；皮料揉和成面团，用保鲜膜包好饧片刻，之后分割成小面团，擀薄，成圆薄面皮，包入馅料收口。

②将放入锡模具的包坯，放在蒸笼稍饧，用大火蒸约8分钟，取出即可。

『汤品』菠菜忌廉汤

材料 菠菜150克，洋葱碎30克，忌廉200克

调料 植物油、盐各适量，三花淡奶100毫升，高汤400毫升，鲜牛奶200毫升

制作 ①菠菜取叶，洗净，切成碎。

②锅中放入油烧热，放入菠菜炒香，加入高汤煮烂，调入洋葱碎搅拌成浓汤状，盛出放入打汁机中打成泥状。

③将打好的汤汁放回锅中，加入淡奶、鲜牛奶、忌廉，加盐调味，用小火煮开即可食用。

主食易于消化吸收，可补钙强身；配食补脑；可为身体生长发育提供所需营养；蒸水蛋营养丰富易消化；汤养心润肺；荔枝补心安神、健脑。

燕麦菜心包套餐

主食	燕麦菜心包	鸡蛋	蒸水蛋
配食	小炒鸡爪	水果	荔枝
汤品	菠菜忌廉汤		

『配食』小炒鸡爪

材料 鸡爪200克，蒜苗90克，青椒70克，红椒50克

调料 料酒、豆瓣酱各15克，生抽、辣椒油各5克，老抽、鸡粉各2克，姜片、葱段、盐、植物油各适量

制作 ①青椒、红椒、蒜苗分别洗净切段；鸡爪处理干净切块，加料酒汆去血水捞出。

②起油锅，爆香姜片、葱段，倒鸡爪略炒，加豆瓣酱、料酒、生抽、老抽、水、辣椒油炒匀，小火焖6分钟，放鸡粉、盐、青椒、红椒、蒜苗炒匀即可。

『配食』银耳枸杞炒鸡蛋

材料 水发银耳100克，鸡蛋3个，枸杞10克

调料 盐3克，鸡粉2克，水淀粉14克，葱花、植物油各少许

制作 ①洗好的银耳去根切块，加盐，焯水半分钟；鸡蛋打散加盐、鸡粉、水淀粉调匀，煎熟；枸杞洗净。

②起油锅，倒入银耳、鸡蛋、枸杞、葱花翻炒匀，加入盐、鸡粉调味，淋入适量水淀粉，快速翻炒均匀，盛出炒好的食材，装入盘中即可。

『主食』菜心小笼包

皮料 面粉500克，盐、油、干酵母各适量

馅料 猪肉250克，胡萝卜20克，菜心100克，盐6克，鸡精、糖各8克

制作 ①面粉加入清水、油、干酵母、盐拌匀搓至纯滑，饧半小时左右，分割成每个30克的剂子，再将其擀成圆薄片；馅材料洗净、切碎，加调料混合拌匀。

②面皮包入馅料，收口捏紧，放入蒸笼内稍饧，用蟹子或蛋黄装饰，用大火蒸约8分钟即可。

『汤品』酸笋菜心汤

材料 酸笋250克，青菜心4棵，虾仁50克

调料 盐4克，料酒2克，鸡汤500毫升

制作 ①将笋洗净切成丝；青菜心洗净，用开水烫一下；虾仁洗净。

②锅中倒入鸡汤烧开，加笋丝再烧开，转小火煮1小时，放盐、料酒、菜心和虾仁煮至断生。

③将锅中的笋汤盛出，把虾仁浇在上面，围菜心即可。

主食含有大量氨基酸，有益脑的作用；配食可补血安神、养肝明目、强身健体；汤十分开胃，还能解渴除烦；香蕉可健脑益智、预防便秘。

腊味小笼包套餐

主食	腊味小笼包	蛋类	咸蛋
配食	肉末空心菜	水果	草莓
饮品	豆浆		

『主食』腊味小笼包

皮料 澄面面团300克

馅料 盐、胡椒粉、五香粉、糖、鸡精、香油、葱末、腊肠、去皮腊肉、熟糯米粉、牛油各适量

制作 ①澄面面团搓匀至面团纯滑，用保鲜膜包好稍饧，然后分切成每个30克的剂子，擀成薄皮备用。

②馅料切碎，与调料拌匀成馅。

③用薄皮将馅包入，将口收捏成雀笼形状。

④稍饧后用大火蒸约8分钟即可。

此套餐可提供孩子生长所需的蛋白质、维生素、蔬菜纤维、多种矿物质以及糖类等营养成分，其中主食含有腊肠，有较好的开胃、补充蛋白的作用；配食可为人体提供充足的维生素；咸蛋有开胃、补虚之功；豆浆可增强免疫力；此外，草莓对胃肠道和贫血均有一定的滋补调理作用。

『配食』肉末空心菜

材料 空心菜200克，肉末100克，彩椒40克，姜丝少许

调料 盐、鸡粉各2克，老抽、料酒、生抽各适量

制作 ①空心菜洗净切段；彩椒洗净切丝。

②用油起锅，倒入肉末，大火炒至松散，淋入料酒、老抽、生抽炒匀。

③撒入姜丝，放入空心菜，翻炒至熟软，倒入彩椒丝翻炒。

④加盐、鸡粉炒至食材入味即可。

『配食』洋葱丝瓜炒虾球

材料 洋葱70克，丝瓜120克，彩椒40克，虾仁65克

调料 盐、鸡粉各3克，生抽5克，料酒10克，水淀粉、姜片、蒜末各少许，植物油适量

制作 ①丝瓜、彩椒、洋葱分别洗净切块；虾仁洗好，加盐、鸡粉、水淀粉拌匀，腌渍10分钟。
②丝瓜、洋葱、彩椒分别加入油、盐焯至断生捞出。
③用油起锅，放蒜末、姜片、虾仁、料酒炒匀，再放洋葱、彩椒、丝瓜、盐、鸡粉、生抽炒熟即可。

『主食』七彩小笼包

皮料 澄面面团300克，彩椒粒少许

馅料 猪肉250克，盐6克，糖、鸡精各8克，蟹子少许

制作 ①澄面面团搓至纯滑，用保鲜膜包好稍饧，然后揪成每个30克的剂子，擀薄皮备用。
②猪肉洗净切碎，加入调料拌匀，制成馅。
③用薄面皮将馅包入，口收捏成雀笼形，放入锡纸盏，加点彩椒粒点缀，稍饧，用大火蒸约8分钟即可。

『汤品』番茄豆腐汤

材料 番茄250克，豆腐2块

调料 盐4克，胡椒粉1克，水淀粉15克，味精1克，香油5克，熟菜油150克，葱花25克

制作 ①豆腐、番茄分别洗净，切粒；豆腐加番茄、胡椒粉、盐、味精、水淀粉、葱花拌匀。
②炒锅置于中火上，下菜油烧至六成热，倒入豆腐、番茄，翻炒至香。
③煮约5分钟后，撒上剩余葱花，调入盐，淋上香油即可。

配餐原因

主食可为人体补充能量以及多种营养成分；配食既补充了维生素，又顾全了孩子的吸收消化能力；汤有增进食欲、促进消化的作用；鸡蛋可补充脑力；菠萝有健脾消食、缓解疲劳的功效。

香菜小笼包套餐

主食	香菜小笼包	水果	芒果
配食	洋葱火腿煎蛋		
汤品	番茄豆芽汤		

『主食』香菜小笼包

皮料 面粉500克

馅料 盐6克，糖9克，鸡精8克，猪肉250克，香菜碎适量

制作 ①面粉加入清水揉成光滑的面团，用保鲜膜包好稍饧，然后揪成每个约10克小剂，擀成薄皮待用。

②猪肉洗净剁碎，与调料拌匀，用薄面皮将馅料包入，口收紧，捏成雀笼形。

③放入蒸笼以旺火蒸约8分钟左右，至熟即可。

『汤品』番茄豆芽汤

材料 番茄半个，黄豆芽20克

调料 盐少许

制作 ①将备好的番茄洗净，切成块状，待用。

②把备好的黄豆芽洗净。

③锅注水烧开，先加入番茄熬煮，再加入黄豆芽煮至熟，调入盐即可。

主食含氨基酸、维生素，可帮助孩子吸收益脑强身的营养成分；配食十分注重开胃的功效，蛋有健脑、改善记忆的作用；汤可以补充多种维生素、蔬菜纤维，有补益肠胃之功效；芒果有消暑舒神的作用，适合夏季食用。整个套餐具备健脑益智、开胃消食的作用。

『配食』洋葱火腿煎蛋

材料 洋葱30克，鸡蛋2个，火腿80克

调料 盐、鸡粉各少许，水淀粉3克，植物油适量

制作 ①洋葱、火腿分别洗净切粒，炒香；鸡蛋打散加鸡粉、盐，倒入洋葱、火腿、水淀粉拌匀。

②煎锅注油烧热，放入部分蛋液，略煎一会儿盛出，装入蛋液中混合均匀。

③煎锅再注油烧热，倒入混合好的蛋液煎至散出焦香味翻面，继续煎至焦黄色即可。

鲜虾香菜包套餐

主食　鲜虾香菜包　水果　葡萄
配食　茭白炒鸡蛋
汤品　银耳番茄汤

『配食』茭白炒鸡蛋

材料 茭白200克，鸡蛋3个

调料 植物油适量，盐3克，鸡粉3克，水淀粉5克，葱花少许

制作 ①茭白洗净去皮切片，加盐、油焯水至断生；鸡蛋打散放盐、鸡粉调匀，煎至熟。
②锅注油烧热，倒入茭白翻炒片刻，放入盐、鸡粉炒匀调味，倒入炒好的鸡蛋略炒几下，加入葱花翻炒匀，淋入适量水淀粉快速翻炒至熟。
③关火后盛出炒好的食材，装入盘中即可。

『主食』鲜虾香菜包

皮料 面粉、泡打粉、酵母、甘笋汁、香菜、糖各适量

馅料 猪肉、虾仁、盐、砂糖、鸡精各适量

制作 ①面粉、泡打粉过筛，加酵母、糖、甘笋汁、清水揉至面团纯滑，包好，稍饧，揪成每个30克的小面团，擀薄皮；馅料洗净切碎与调料拌匀成馅。
②用薄面皮将馅包入，将口收捏成雀笼形，均匀排入蒸笼内静置松弛，用大火蒸约8分钟即可。

『汤品』银耳番茄汤

材料 银耳30克，番茄120克

调料 冰糖适量

制作 ①银耳用温水泡发，去蒂洗净，撕碎。
②番茄清洗干净，切块；冰糖捣碎，备用。
③锅内加适量水，放入银耳、番茄块，大火烧沸至熟，调入冰糖后，再煮沸即可。

配餐原因

主食可为人体补充大部分能量以及生长所需的营养素，也有促进食欲的作用；配食可提供较多的蛋白质、膳食纤维、维生素等成分，有增进食欲的作用；汤品清淡开胃；经常食用葡萄可以改善神经衰弱、过度疲劳的症状。因此这个套餐有健脑、开胃、抗疲劳的作用。

香菜芋头包套餐

主食	香菜芋头包	鸡蛋	蒸水蛋
配食	榨菜牛肉丁	水果	橙子
汤品	胡萝卜马蹄汤		

『主食』香菜芋头包

皮料 面粉500克，糖100克，泡打粉、酵母、香油、香芋色香油各5克

馅料 熟芋头250克，奶粉、砂糖、奶油各40克，香菜碎15克

制作 ①面粉、泡打粉混合过筛，加糖、酵母、水、香芋色香油，揉至面团纯滑，稍饧，揪成剂子，擀皮备用；馅料都切碎拌匀成馅。

②用面皮包入馅料，捏成雀笼状，入蒸笼稍饧，用大火蒸约8分钟熟透即可。

『汤品』胡萝卜马蹄汤

材料 胡萝卜100克，佛手瓜75克，净马蹄35克

调料 色拉油35克，盐3克，味精4克，姜末2克，香油2克，胡椒粉3克

制作 ①将胡萝卜、佛手瓜、马蹄分别洗净后切丝备用。

②净锅上火，倒入色拉油，将姜末爆香，下入胡萝卜、佛手瓜、马蹄煸炒，调入盐、味精、胡椒粉烧开，淋入香油即可。

配餐原因 主食气味香浓，还可提供丰富能量，有补虚强身的作用；配食有开胃作用，还可补充优质蛋白质；蒸水蛋利于消化吸收，滋养大脑；汤有开胃消食、清热止咳的作用；橙子可补充体力、增强免疫力。

『配食』榨菜牛肉丁

材料 榨菜250克，牛肉450克，洋葱40克，红椒35克

调料 生抽9克，盐、鸡粉、水淀粉各4克，料酒5克，生粉、植物油各适量，姜末、蒜末、葱段各少许

制作 ①洋葱、红椒、牛肉、榨菜分别洗净切丁；牛肉加生抽、盐、鸡粉、生粉拌均匀，腌渍10分钟。

②榨菜焯煮2分钟；锅注油烧热，放牛肉炒至变色，放姜末、蒜末、葱段炒香，放榨菜、洋葱、红椒、鸡粉、盐、料酒、生抽炒匀，淋水淀粉勾芡即可。

生肉包套餐

主食	生肉包	蛋类	咸蛋
配食	白菜炒菌菇	水果	香蕉
饮品	豆浆		

「主食」生肉包

皮料 面粉500克，泡打粉15克，酵母5克，砂糖100克

馅料 盐6克，砂糖10克，鸡精7克，猪肉500克，葱碎30克

制作 ①面粉、泡打粉混合过筛，加酵母、砂糖、清水拌至糖溶化，揉至面团纯滑，用保鲜膜包起，稍饧，揪成每个30克的小面团，擀薄皮。

②猪肉洗净切碎，加入葱碎、调料拌匀成馅。

③面皮包入馅料，收口，排入蒸笼稍饧，然后用大火蒸约8分钟即可。

「配食」白菜炒菌菇

材料 大白菜200克，蟹味菇60克，香菇50克

调料 盐3克，鸡粉少许，蚝油5克，水淀粉、食用油各适量，姜片、葱段各少许

制作 ①将蟹味菇洗净，切去老茎；香菇洗好切片；大白菜洗净切块。

②锅注水烧开，加盐、食用油分别将白菜块、香菇、蟹味菇焯半分钟。

③用油起锅，放姜片、葱段爆香，倒入焯水的食材、蚝油、鸡粉、盐炒匀调味，淋入水淀粉勾芡即可。

主食发挥着提供能量的功效，可维持大脑和其他器官的正常运作；配食可润肠通便；咸蛋有助于开胃、清肺火，豆浆和香蕉均富含营养元素，它们则补充主食中缺乏的营养成分。

莲蓉包套餐

主食	莲蓉包	水果	鲜枣
配食	南瓜炒虾米		
饮品	豆浆		

『主食』莲蓉包

皮料 低筋面粉500克，泡打粉、酵母各4克，改良剂25克，砂糖100克

馅料 莲蓉适量

制作 ①低筋面粉、泡打粉过筛，加糖、酵母、改良剂、清水揉至面团纯滑，用保鲜膜包好稍饧，分切成每个约30克的小面团后擀薄皮。

②将莲蓉馅包入薄皮中，把包口收捏紧成型。

③稍作静置后，以大火蒸约8分钟即可。

『配食』南瓜炒虾米

材料 南瓜200克，虾米20克，鸡蛋2个

调料 盐3克，姜片、葱花各少许，生抽2克，鸡粉、植物油各适量

制作 ①南瓜洗净去皮切成片，加盐、油焯水半分钟；鸡蛋打散放盐，炒熟；虾米洗净。

②炒锅注油烧热，放入姜片爆香，加入虾米炒出香味，倒入焯过水的南瓜翻炒均匀，放入少许盐、鸡粉、生抽炒匀调味，倒入炒好的鸡蛋翻炒均匀。

③关火盛出，撒上葱花即可。

配餐原因

主食由面粉和莲蓉组成，有利于开胃、消化，还有养心益神的作用；配食主要补充了糖类、蛋白质、维生素、钙、铁、磷等成分，有补益大脑、养心补肺的作用；豆浆、鲜枣都有预防贫血症的作用。

香芋叉烧包套餐

主食	香芋叉烧包	鸡蛋	炒蛋
配食	韭菜炒牛肉	水果	桂圆
汤品	白菜豆腐汤		

『配食』韭菜炒牛肉

材料 牛肉200克，韭菜120克，彩椒35克

调料 盐3克，鸡粉2克，料酒4克，生抽5克，植物油、水淀粉各适量，姜片、蒜末各少许

制作 ①韭菜洗净，切段；彩椒洗好，切粗丝；牛肉洗净，切丝，放料酒、盐、生抽拌匀，倒入水淀粉拌匀上浆，淋入食用油，腌渍约10分钟。

②用油起锅，炒香姜片、蒜末，倒入肉丝炒至变色，放韭菜、彩椒炒熟，加盐、鸡粉、生抽炒匀即可。

『主食』香芋叉烧包

皮料 低筋面粉500克，砂糖100克，泡打粉、酵母各4克，改良剂25克，香芋色香油5克

馅料 叉烧馅适量

制作 ①低筋面粉、泡打粉过筛加糖、酵母、改良剂、水、香芋色香油揉至面团纯滑，稍饧，切成每个30克的小面团，擀薄皮，包入叉烧馅料，包口收捏成雀笼形，均匀排入蒸笼。

②饧片刻，用大火蒸约8分钟即可。

『汤品』白菜豆腐汤

材料 小白菜100克，豆腐50克

调料 盐4克，鸡精3克，香油5克

制作 ①小白菜洗净，切段；豆腐洗净，切成小块。

②锅中注适量水烧开，放入小白菜、豆腐煮开，调入盐、鸡精煮匀，淋入香油即可出锅。

主食可提供大脑所需的多种氨基酸、糖类、脂肪、能量；配食富含优质蛋白、维生素，营养成分仅次于嫩炒蛋，利尿润肠的白菜豆腐汤，以及有“益智果”之称的鲜桂圆。这个套餐主要有益智、强身、改善睡眠的作用。

『主食』菠菜玉米包

皮料 面粉500克，糖100克，泡打粉15克，酵母5克，菠菜汁50克

馅料 猪油200克，玉米粒50克，盐、鸡精、淀粉、糖各少许

制作 ①面粉、泡打粉混合过筛，加糖、酵母、水、菠菜汁揉至纯滑，用保鲜膜包好稍饧；馅料混合，拌至均匀。

②面团分切成每个30克的小面团，擀薄皮，包入馅料，包口捏紧排入蒸笼内稍饧，然后用大火蒸约8分钟熟透即可。

『汤品』海带豆腐汤

材料 海带结20克，豆腐150克

调料 姜、盐各少许

制作 ①海带结洗净泡水；姜洗净切丝；豆腐洗净切丁。

②水煮沸后，放海带结、豆腐和姜丝煮10分钟，煮熟后放盐调味即可。

配餐原因 主食能为孩子生命活动提供所需的绝大部分能量，有促进食欲、预防脑功能衰退的作用；配食可补充主食中含量较少的营养成分，比如优质蛋白质、多种矿物质成分。此外，海带豆腐汤有促进消化、益智的成分；香蕉有刺激神经系统，预防脑神经衰弱的作用。

菠菜玉米包套餐

主食	菠菜玉米包	蛋类	咸蛋
配食	清炒蚝肉	水果	香蕉
汤品	海带豆腐汤		

『配食』清炒蚝肉

材料 生蚝肉180克，彩椒40克

调料 料酒4克，生抽、蚝油、水淀粉各3克，姜片、植物油、葱段各少许

制作 ①彩椒洗好，切成小块，焯水；生蚝肉洗净，煮半分钟至断生捞出。

②用油起锅，放姜片、葱段爆香，倒入汆水的生蚝肉和彩椒炒匀，加入料酒、生抽、蚝油炒匀调味，倒入适量水淀粉快速翻炒均匀即可。

香煎菜肉包套餐

主食	香煎菜肉包	鸡蛋	煎蛋
配食	口蘑炒豆腐	水果	梨
饮品	豆浆		

『主食』香煎菜肉包

皮料 面粉500克，糖75克，泡打粉7克，酵母3克

馅料 肉馅250克，马蹄末、葱花各50克，盐2克，鸡精、猪油各适量

制作 ①面粉、泡打粉过筛，加糖、酵母、水揉匀成光滑面团，用保鲜膜包好稍饧，切成约每个30克的团，擀薄面皮；馅料拌匀，包入面皮。

②将口收紧成型，稍饧，然后大火蒸8分钟，晾凉，再煎至浅金黄色即可。

『配食』口蘑炒豆腐

材料 豆腐90克，口蘑80克，彩椒40克

调料 盐3克，鸡粉2克，蚝油6克，生抽、料酒各4克，蒜末、葱花、植物油各少许

制作 ①口蘑、彩椒分别洗净切丁；豆腐洗净切块；沸水锅加盐、鸡粉、口蘑略焯；将豆腐块放入沸水中加料酒焯2分钟。

②用油起锅，放蒜末、彩椒炒香，放入口蘑、豆腐块炒匀，加盐、鸡粉调味，加水、生抽、蚝油略煮，盛出，撒葱花即可。

配餐原因

主食可为孩子成长提供所需的能量、蛋白质等营养成分，有促食欲、提高抗病能力的作用；配食补充了蛋白质、维生素、矿物质等成分。优质蛋白质含量丰富的煎蛋，含维生素较为丰富的梨子，能够促进消化吸收。豆浆补钙补铁。

甘笋流沙包套餐

主食	甘笋流沙包	水果	圣女果
配食	海带虾仁炒鸡蛋		
饮品	牛奶		

『主食』甘笋流沙包

皮料 面粉500克，糖100克，泡打粉、酵母、胡萝卜汁、甘笋汁各适量

馅料 咸蛋5个，油、糖各100克，粟粉70克，奶粉50克

制作 ①面粉、泡打粉混合过筛，加糖、酵母、胡萝卜汁、水、甘笋汁揉至面团纯滑，用保鲜膜包好稍饧，分切成每个30克的剂子，擀成薄皮；将咸蛋黄烤熟与其余材料混合成馅料，包入面皮。

②包口捏紧，排入蒸笼内稍饧，然后用大火蒸约8分钟即可。

『配食』海带虾仁炒鸡蛋

材料 海带85克，虾仁75克，鸡蛋3个

调料 盐、鸡粉、生抽、水淀粉各4克，料酒12克，香油、葱段、植物油各适量

制作 ①海带洗净切块，焯水半分钟；虾仁洗净，放料酒、盐、鸡粉、水淀粉、香油搅拌匀，腌渍10分钟；鸡蛋打散放盐、鸡粉搅匀，煎熟。

②用油起锅，倒虾仁炒变色，加海带、料酒、生抽、鸡粉、鸡蛋、葱段炒匀即可。

配餐原因

主食营养丰富，能够起到很好的开胃效果，孩子食用后还可获取脑和其他组织生长所需的能量；单一的主食并不能满足快速成长期孩子的需要，所以在配食中补充了有益智作用的海带虾仁炒鸡蛋；牛奶可增高助长。

『配食』沙姜炒肉片

材料 鸡胸肉120克，彩椒70克，沙姜90克

调料 料酒18克，盐3克，鸡粉3克，水淀粉8克，香油2克，葱段、植物油各少许

制作 ①沙姜洗净切片；彩椒洗好切丁，加沙姜、盐、油焯水半分钟；鸡胸肉洗净切片，放料酒、盐、鸡粉、水淀粉、香油拌匀，腌渍10分钟。
②起油锅，倒肉片炒松散，放葱段炒香，倒沙姜、彩椒、料酒、盐、鸡粉炒匀，用水淀粉勾芡即可。

『主食』炸芝麻大包

皮料 低筋面粉500克，砂糖100克，泡打粉4克，酵母4克，改良剂25克，芝麻适量

馅料 熟芝麻碎、糖各适量

制作 ①低筋面粉、泡打粉混合过筛，加糖、酵母、改良剂、水揉至面团纯滑，用保鲜膜包好稍饧，分切成每个30克的剂子。
②馅料拌匀，将面团包入馅料，滚圆粘上洗净的芝麻，排于蒸笼内，稍饧以大火蒸透，晾凉后以150℃油温炸至成浅金黄色即可。

『汤品』豆腐鲜汤

材料 豆腐2块，草菇150克，番茄1个

调料 葱1根，姜1块，香油8克，盐、生抽、胡椒粉各3克

制作 ①将豆腐洗净后切成片状；番茄洗净切片；葱洗净切成葱花；姜洗净切片；草菇洗净。
②锅中水煮沸后，放入豆腐、草菇、姜片，调入盐、香油、胡椒粉、生抽煮熟。
③再下入番茄煮约2分钟后，撒上葱花即可。

主食是开胃消食的美味早餐；配食和汤可补充优质蛋白，并有开胃、补虚的作用；蒸水蛋易于消化，含有多种益脑成分；西瓜可清热利尿。

『主食』刺猬包

皮料 面粉500克，酵母5克，泡打粉15克，糖100克，黑芝麻少量

馅料 莲蓉适量

制作 ①面粉、泡打粉混合过筛加酵母、糖、水，揉至面团纯滑，用保鲜膜包好稍饧，分切成每个30克的剂子；莲蓉馅每个15克；擀薄面皮，包入馅料，将口捏紧，做成刺猬状，排入蒸笼。②用黑芝麻装饰眼睛，静置片刻成光滑包坯，用大火蒸约8分钟熟透即可。

『汤品』薏米南瓜浓汤

材料 薏米35克，南瓜150克，洋葱60克，奶油5克

调料 盐3克，胡椒粉少许，奶精球1个

制作 ①将薏米洗净打成薏米泥；南瓜、洋葱分别洗净切成细丁。②烧热锅，放入奶油烧溶后，炒香洋葱丁，再放入南瓜丁煮至熟烂后，打成泥状。③将南瓜洋葱泥、薏米泥一起倒入锅中煮沸并化成浓汤状后，加调味料，再淋上少许奶精即可。

配餐原因 主食可供应能量，能起到养心润肺的作用；配食则丰富了营养，提供了蛋白质和维生素；鸡蛋能提高记忆力；南瓜汤补虚、益气；苹果可以润肺除烦、增强活力。

刺猬包套餐

主食	刺猬包	鸡蛋	水煮蛋
配食	圆椒香菇炒肉片	水果	苹果
汤品	薏米南瓜浓汤		

『配食』圆椒香菇炒肉片

材料 猪瘦肉90克，圆椒60克，香菇45克

调料 盐、鸡粉各3克，蚝油4克，料酒4克，蒜末、葱段、水淀粉、植物油各少许

制作 ①圆椒、香菇分别洗净切块；猪瘦肉洗净切片，放盐、鸡粉、水淀粉拌匀，注油腌渍10分钟；将香菇丁放沸水中加盐、油焯半分钟；将圆椒煮半分钟捞出。②用油起锅，放蒜末、葱段爆香，倒入肉片炒匀，加料酒、香菇、圆椒、盐、鸡粉、蚝油炒匀即可。

翡翠小笼包套餐

主食	翡翠小笼包	水果	蓝莓
配食	圆椒炒鸡蛋		
饮品	豆浆		

『主食』翡翠小笼包

皮料 菠菜400克，面团500克

馅料 猪肉末40克，味精、糖、老抽、盐各适量

制作 ①将一半菠菜洗净，切段打成汁，加入面团中揉匀，搓成长条，再分成小面团，擀成中间稍厚周边圆薄的面皮。

②剩余菠菜洗净切碎，与猪肉末、调味料拌成馅，放在面皮上。

③将面皮对折起来，打褶包成生坯。

④将生坯饧发片刻，上笼蒸熟即可。

『配食』圆椒炒鸡蛋

材料 鸡蛋120克，圆椒80克

调料 盐3克，鸡粉2克，水淀粉、植物油各适量，葱花少许

制作 ①圆椒洗净，去籽，切丝；鸡蛋加盐、葱花搅散拌匀，煎至六成熟。

②起油锅，倒入圆椒丝用大火翻炒至其变软，加入适量盐、鸡粉调味，倒入煎好的鸡蛋，转中火炒匀，至食材八成熟。

③再倒入适量水淀粉快速翻炒，至食材熟透即可。

配餐原因

主食可为孩子生长提供所需营养，有促进食欲、保护视力的作用；配食可以补充蛋白质、维生素、纤维素、矿物质等成分；豆浆能提供丰富的优质维生素和大量的膳食纤维；蓝莓有强壮骨骼的作用。

蟹黄小笼包套餐

主食	蟹黄小笼包	鸡蛋	煎蛋
配食	松仁炒韭菜	水果	香蕉
饮品	豆浆		

『主食』蟹黄小笼包

皮料 面团300克

馅料 大闸蟹黄100克，新鲜猪肉200克，姜末、高汤、米醋、鸡精各适量

制作 ①先将猪肉洗净剁成末，拌入鸡精，加入蟹黄、米醋、姜末，拌匀制成馅，加少许高汤。

②将面团搓成长条，揪成小团，擀成圆皮，包入制好的馅，捏成菊花形。

③将小笼包放入蒸笼内蒸15~20分钟，熟后即可。

『配食』松仁炒韭菜

材料 韭菜120克，松仁80克，胡萝卜45克

调料 盐、鸡粉各2克

制作 ①韭菜洗净切段；胡萝卜洗好去皮，切丁，加盐焯水半分钟；松仁洗净炸至熟。

②起油锅，倒入焯过水的胡萝卜丁，再放入切好的韭菜，加入少许盐、鸡粉炒匀调味，倒入炸好的松仁，快速翻炒片刻，至食材熟透，入味即可。

配餐原因 主食营养十分丰富，有舒筋益气、理胃消食、补虚强身之功效；配食可补充维生素、食物纤维；鸡蛋有益智功效；豆浆可补充蛋白质，而香蕉可以增强孩子的消化能力，而且有助于大脑发育。

蛋黄莲蓉包套餐

主食	蛋黄莲蓉包	水果	草莓
配食	彩椒炒肉片		
饮品	豆浆		

『主食』蛋黄莲蓉包

皮料 面团适量

馅料 熟咸蛋黄、莲蓉各适量

制作 ①将熟咸蛋黄对切，取莲蓉馅搓成长条，揪成小剂子，按上咸蛋黄。

②将面团揪成面剂，再擀成面皮，取一张面皮，放莲蓉蛋黄馅。

③将面皮从外向里捏拢，将面皮与馅按紧，再将包子揉至光滑，然后将包子的封口处捏紧成生坯。

④包子生坯饧发片刻，蒸熟即可。

『配食』彩椒炒肉片

材料 芹菜60克，彩椒80克，猪肉120克

调料 盐3克，蒜末少许，鸡粉少许，生抽6克，料酒5克，水淀粉、植物油各适量

制作 ①彩椒洗净去籽，切块；芹菜洗净切段；猪肉洗净，切薄片。

②用油起锅，放入蒜末爆香，倒入肉片翻炒，加料酒提味，放入芹菜和彩椒翻炒匀，加入生抽、盐、鸡粉炒匀调味，倒入少许水淀粉勾芡即可。

配餐原因

主食可为孩子身体生长所需提供营养素，增进食欲；配食则可补充膳食纤维、维生素成分，可健脾和胃，开胃通便；豆浆可以补充主食中缺乏的铁、钙等成分；食用草莓可以明目补肝，对孩子十分有益。

雪里蕻肉丝包套餐

主食	雪里蕻肉丝包	水果	橙子
配食	大良炒牛奶		
饮品	黄瓜汁		

『主食』雪里蕻肉丝包

皮料 面团200克

馅料 雪里蕻碎100克，猪瘦肉100克，姜、蒜末、葱花、盐、鸡精各适量

制作 ①猪瘦肉洗净切丝；姜洗净去皮切末；葱花、蒜末、姜入油锅中爆香，入肉丝稍炒，再放入雪里蕻炒香，调入盐、鸡精拌匀成馅。

②面团揉匀，搓成长条，揪成剂子，按扁，擀成中间厚边缘薄的面皮。

③将馅料放入擀好的面皮中包好；做好的生坯饧片刻，以大火蒸熟即可。

『配食』大良炒牛奶

材料 牛奶150克，鸡蛋2个，西红柿50克，北杏仁25克，熟鸡肝40克，火腿15克

调料 盐、鸡粉、水淀粉各3克，生粉20克，植物油适量

制作 ①熟鸡肝、火腿切丁；西红柿洗净，切片；鸡蛋取蛋清；部分牛奶加生粉调匀，倒入剩余牛奶，加蛋清、盐、鸡粉调匀；杏仁洗净炸至微黄色；火腿粒炸香；鸡肝炸香。

②起油锅，倒牛奶小火稍煮，放入鸡肝炒匀，撒杏仁、火腿，用西红柿饰盘边即可。

配餐原因

主食有极好的开胃补虚的作用，对孩子的成长十分有利；配食可为孩子大脑发育提供所需的氨基酸、不饱和脂肪酸、卵磷脂、矿物质等成分；黄瓜汁和橙子，有助于提高孩子的消化能力，增强孩子的抗病性。

金银馒头套餐

主食	金银馒头	蛋类	咸蛋
配食	菜心炒鱼片	水果	猕猴桃
汤品	菠萝甜汤		

『配食』菜心炒鱼片

材料 菜心200克，生鱼肉150克，彩椒40克

调料 盐3克，鸡粉2克，料酒5克，水淀粉、植物油各适量，姜片、葱段各少许

制作 ①菜心洗净，加盐焯水1分钟；彩椒洗好切块；生鱼肉洗净切片，加盐、鸡粉、水淀粉拌匀，注油腌渍约10分钟，滑油至变色。

②起油锅放姜片、葱段、彩椒、鱼片、料酒，倒入菜心，加鸡粉、盐炒匀调味，淋水淀粉勾芡即可。

『主食』金银馒头

材料 低筋面粉500克，泡打粉、酵母各4克，改良剂25克，糖100克

制作 ①低筋面粉、泡打粉混合过筛，加入糖、酵母、改良剂、清水拌至糖溶化，搓至面团纯滑，用保鲜膜包好，稍饧，将面团擀薄，卷起成长条状，分切成每个约30克的馒头坯。

②馒头蒸熟，冷冻后将其中一半炸至金黄色即可。

『汤品』菠萝甜汤

材料 菠萝250克

调料 白糖60克

制作 ①将菠萝去皮，洗净，切成块。

②锅中加水，放入菠萝块，水沸后煮7分钟，调入白糖即可。

该主食主要负责供应植物蛋白和碳水化合物，能给孩子的大脑及时补充能量；配食照顾到了整个机体生长所需的营养成分，菜心炒鱼片含多种维生素、膳食纤维、动物蛋白、矿物质，且易消化吸收；咸蛋既开胃又补脑；菠萝甜汤可促进消化；猕猴桃能预防抑郁症、补充脑力。

『主食』豆沙双色馒头

材料 面团300克，红豆沙馅150克

制作 ①面团分成两份，一份加入同等重量的红豆沙和匀，另一份面团揉匀。

②将掺有豆沙的面团和另一份面团分别搓成长条，擀成长薄片，喷上少许水，叠放在一起，从边缘开始卷成均匀的圆筒形。

③切成每个50克大小的馒头生坯，饧发15分钟即可入锅蒸熟。

『汤品』青豆排骨汤

材料 排骨150克，青豆60克，玉米块40克

调料 盐2克，醋、料酒各5克

制作 ①将青豆、玉米分别洗净；排骨洗净，切块。

②净锅上火，倒入清水，下入排骨、青豆、玉米，加料酒、醋煲至熟透，放入盐调味即可。

配餐原因 主食有开胃消食、清热解毒的功效；配食含有孩子成长所需的动物蛋白、矿物质等成分；青豆排骨汤可补充水分、维生素；苹果可补充锌元素。主食和配食的搭配使得整个套餐具备了开胃消食、健脑益智的效果，非常适合青少年期的孩子食用。

豆沙双色馒头套餐

主食	豆沙双色馒头	水果	苹果
配食	芹菜炒蛋		
汤品	青豆排骨汤		

『配食』芹菜炒蛋

材料 芹菜梗70克，鸡蛋120克

调料 盐2克，水淀粉、植物油各适量

制作 ①芹菜梗洗净，切成丁；鸡蛋打入碗中，加入少许盐、水淀粉打散调匀，制成蛋液。

②用油起锅，倒入切好的芹菜梗快速翻炒至其变软，加盐翻炒至芹菜梗入味，再倒入备好的蛋液，用中火略炒片刻，至全部食材熟透。

③关火后盛出炒好的菜肴，装入盘中即可。

甘笋螺旋馒头套餐

主食	甘笋螺旋馒头	鸡蛋	煎蛋
配食	凉薯炒肉片	水果	柚子
汤品	南瓜虾皮汤		

『配食』凉薯炒肉片

材料 凉薯300克，胡萝卜40克，瘦肉片100克，水发豌豆90克

调料 盐、鸡粉、水淀粉各3克，料酒、蚝油各10克，蒜末、葱段、植物油各少许

制作 ①凉薯、胡萝卜分别洗净去皮切片，加油、盐焯水；将豌豆入沸水中焯1分钟；瘦肉加盐、鸡粉、水淀粉拌片刻，注油腌渍10分钟。
②用油起锅，倒蒜末、葱段爆香，放肉片炒松散，倒入焯水的食材、料酒、盐、鸡粉、蚝油炒匀即可。

『主食』甘笋螺旋馒头

材料 低筋面粉500克，糖100克，泡打粉4克，酵母4克，改良剂25克，甘笋汁适量

制作 ①低筋面粉、泡打粉混合过筛，加入糖、酵母、改良剂、水揉至面团纯滑，分成两份，其中一份拌入甘笋汁揉匀稍饧，分别擀薄，两张叠起，卷成长条状，分切成每个30克的面团。
②排入蒸笼内，稍饧，用大火蒸约8分钟熟透即可。

『汤品』南瓜虾皮汤

材料 南瓜400克，虾皮20克

调料 盐、葱花、汤、植物油各适量

制作 ①南瓜去皮、洗净切块。
②用油起锅，放入南瓜稍炒，加盐、葱花、净虾皮，再炒片刻，加入清水，煮至食材熟透即可。

主食有促进消化、补充能量的作用，可为孩子全天学习和成长提供能量；配食中提供了富含水分、蛋白质、淀粉、纤维素的凉薯，含有多种益脑氨基酸的肉类，能促进消化、改善营养不良的汤，以及富含维生素C的柚子，这些食物都是对孩子的身体和智力发育特别有利的。整个套餐有助于提高孩子的食欲、智力、抗病能力。

『主食』胡萝卜馒头

材料 面团500克，胡萝卜200克，糖适量

制作 ①将胡萝卜洗净，切块，入搅拌机中打成胡萝卜汁。

②将胡萝卜汁倒入面团中，加适量糖；将面团揉匀，用擀面杖擀薄。

③将面皮从外向里卷起，卷成圆筒形后，再搓至纯滑。

④切成馒头大小的形状即可，放置饧发后再上笼蒸熟即可。

『汤品』白菜海带豆腐汤

材料 白菜200克，海带结80克，豆腐55克

调料 高汤、盐各少许，味精各3克

制作 ①白菜洗净，撕小块；海带结洗净；豆腐洗净切块。

②汤锅上火加入高汤，下入白菜、豆腐、海带结，调入盐、味精煲至熟即可。

配餐原因 主食营养丰富，可以快速补充体力，有健脾消食、缓解视疲劳的作用；配食为孩子准备了富含蛋白质的虾肉，卵磷脂含量较多的鸡蛋，促进消化吸收的汤品，及补充维生素C的橙子，这些食物丰富了口感，也补充了孩子所需的全面营养成分。

『配食』生汁炒虾球

材料 虾仁130克，蛋黄1个，番茄30克

调料 盐3克，鸡粉2克，生粉、植物油各适量，蒜末少许，沙拉酱40克，炼乳40克

制作 ①番茄洗净去表皮，切粒；虾仁洗净，加盐、鸡粉、蛋黄拌匀，滚生粉，炸1分钟至断生；沙拉酱加炼乳拌匀，制成调味汁。

②用油起锅，倒入蒜末爆香，放入番茄炒香，放入虾仁、调味汁翻炒至食材入味即可。

椰汁馒头套餐

主食	椰汁馒头	鸡蛋	煎蛋
配食	豉汁炒鲜鱿鱼	水果	香蕉
饮品	豆浆		

『主食』椰汁馒头

材料 面团500克，椰汁1罐

制作 ①将椰汁倒入面团中，揉匀，至面团光滑。

②用擀面杖将面团擀成薄面皮。

③再将面皮从外向里卷起。

④将面皮切成馒头大小的形状，放置饧发片刻。

⑤再放入蒸笼中蒸熟即可。

『配食』豉汁炒鲜鱿鱼

材料 鱿鱼180克，彩椒50克，豆豉少许

调料 盐、鸡粉、老抽各2克，料酒、生抽、姜片、蒜末、葱段、植物油各适量

制作 ①彩椒洗净切块；鱿鱼洗净切片，加盐、鸡粉、料酒腌渍片刻。

②鱿鱼片氽至卷起；起油锅，放豆豉、姜片、蒜末、葱段爆香，倒入彩椒、鱿鱼、料酒、生抽、老抽、盐、鸡粉炒熟即可。

配餐原因

椰汁蒸的馒头相比传统白面馒头具有更好的口感和营养价值，可作为必备的早餐之一，能为人体补充糖类、蛋白质、维生素C等成分，还有助于改善消化能力；而配食含动物蛋白、钙、磷、铁、锌等成分，有益脑、强身的作用；炒菜可开胃，豆浆助消化，香蕉可开心益智，煎蛋能全面补充营养。整个套餐均衡了营养，也比较好消化。

吉士馒头套餐

主食	吉士馒头	蛋类	咸蛋
配食	雪梨炒鸡片	水果	芒果
饮品	胡萝卜汁		

『主食』吉士馒头

材料 面团500克，吉士粉适量，椰浆10克，白糖20克

制作 ①将吉士粉和所有调味料加入面团中，揉匀，再擀成薄面皮。
②将面皮从外向里卷起，成长圆形。
③将长圆形面团切成大约每50克一个的小面剂。
④放置饧发后，上笼蒸熟即可。

『配食』雪梨炒鸡片

材料 雪梨90克，胡萝卜20克，鸡胸肉85克

调料 盐3克，鸡粉2克，料酒5克，水淀粉、植物油各适量，姜末、蒜末、葱末各少许

制作 ①雪梨洗净去皮、核，切片；胡萝卜洗净去皮切片，焯水；再将雪梨焯水1分钟；鸡肉洗净切片，放盐、鸡粉、水淀粉拌匀，注油腌渍10分钟。
②起油锅，倒入鸡肉、料酒、姜末、蒜末、葱末炒至鸡肉转色，倒入焯过的食材、盐、鸡粉炒匀即可。

配餐原因

这款套餐包含了馒头、肉类、素菜类、蛋类、水果类，营养丰富，易于消化。主食为吉士馒头，有促进食欲、补充体力的作用；而配食雪梨炒鸡片能改善消化不良的症状。整个套餐能够起到益智健脑、开胃消食的作用。

『主食』菠汁馒头

材料 面团500克，菠菜200克，椰浆10克，白糖20克

制作 ①菠菜洗净，切段打成汁；加椰浆、白糖一起揉进面团中，擀成薄面皮，将边缘切整齐。②将面皮从外向里卷成长条，揉至纯滑，再切成大小相同的面团，即可生坯，饧发片刻后，上笼蒸熟即可。

『配食』小笋炒牛肉

材料 竹笋90克，牛肉120克，青椒、红椒各25克

调料 盐3克，鸡粉2克，生抽6克，植物油、料酒、水淀粉、姜片、蒜末、葱段各适量

制作 ①红椒、青椒分别洗净切块，焯水；竹笋洗净切片，加盐焯水半分钟；牛肉洗净切片，加生抽、鸡粉、水淀粉、油腌渍10分钟。

②起油锅，放姜片、蒜末爆香，倒牛肉、料酒炒至转色，倒焯好的食材、生抽、盐、鸡粉炒匀即可。

『汤品』土豆玉米棒汤

材料 土豆块80克，玉米棒65克，胡萝卜块30克

调料 盐少许，鸡精3克，姜片2克，香油2克，植物油适量

制作 ①玉米棒洗净，切块。②炒锅上火倒入油，将姜煸香后倒入水，调入盐、鸡精，放入土豆块、玉米块、胡萝卜块煲至熟，淋入香油即可。

主食注重营养与美味的协调，可以给孩子带来不一样的口感；配食中牛肉富含多种氨基酸、维生素B_6、铁元素；鸡蛋含有大量脑磷脂和卵磷脂，这两种食物可以为大脑和机体生长提供所需的大部分营养。肉类营养丰富，但是食用过多后不利于孩子消化，所以补充了开胃清肠的汤品。此外，搭配易消化的香蕉，可以起到润肠的作用。

『主食』双色馒头

材料 面团300克，绿豆沙馅150克

制作 ①面团分两份，一份加入绿豆沙和匀，分别揉匀，搓成长条，擀成长薄片，喷上少许水，叠放在一起，从边缘开始卷成均匀的圆筒形。

②切成50克大小的馒头生坯，饧发片刻后上笼蒸熟即可。

『汤品』丝瓜鸡蛋汤

材料 丝瓜150克，鸡蛋1个

调料 盐少许，味精3克，香油3克，高汤适量

制作 ①将丝瓜洗净，切丝；鸡蛋打入碗中搅匀，备用。

②汤锅上火倒入高汤，下入丝瓜烧沸，调入盐、味精，下入鸡蛋煮沸，淋入香油即可。

这个套餐中的主食做到了外观靓丽、口感甜糯，可为孩子补充充足的能量。配食则负责补充孩子成长必需的营养成分。其中的木耳炒鱼片不仅开胃，还能补充大脑所需的优质蛋白质、钙、铁等成分；丝瓜鸡蛋汤有提高孩子消化功能的作用；吃完早餐后，食用一点草莓可调理胃肠道。

『配食』木耳炒鱼片

材料 草鱼肉120克，水发木耳50克，彩椒40克

调料 盐、鸡粉、生抽各2克，料酒5克，水淀粉、植物油各适量，姜片、葱段、蒜末各少许

制作 ①木耳、彩椒分别洗净切块；鱼肉洗净切片，加鸡粉、盐、水淀粉拌匀，注油腌渍10分钟，滑油。

②起油锅，放姜片、蒜末、葱段爆香，倒入彩椒、木耳翻炒均匀，倒入草鱼片、料酒、鸡粉、盐、生抽、水淀粉炒至食材熟透即可。

玉米团子套餐

主食	玉米团子	水果	苹果
配食	油菜炒牛肉		
汤品	海藻鲜虾蛋汤		

『配食』油菜炒牛肉

材料 油菜70克，牛肉100克，彩椒40克

调料 盐3克，鸡粉2克，料酒3克，生抽5克，水淀粉适量，姜末、蒜末、葱段各少许

制作 ①彩椒洗净切块；油菜洗好切瓣，加油焯水半分钟；牛肉洗净切片，加生抽、盐、鸡粉、水淀粉拌匀，注油腌渍15分钟。

②起油锅放牛肉炒松，加姜末、蒜末、葱段、彩椒、料酒炒熟，倒油菜、盐、鸡粉、生抽炒匀即可。

『主食』玉米团子

材料 玉米面350克，面粉150克，酵母、碱水各适量

制作 ①玉米面加酵母、面粉、水和匀，发酵后再放入适量碱水揉匀，静置20分钟。

②将面团揉至表面光滑，平均分成12等份，做成馒头生坯。

③将馒头生坯摆入蒸盘中，静置片刻。

④蒸锅置火上，将馒头生坯摆入，以大火蒸15分钟即可。

『汤品』海藻鲜虾蛋汤

材料 虾仁90克，海藻、鲜香菇、鸡蛋各60克

调料 盐、鸡粉、胡椒粉各2克，姜片、葱花、食用油各适量

制作 ①虾仁洗净；香菇洗净，切片；鸡蛋打散。

②锅中注水烧开，放入盐、鸡粉、食用油，倒入姜片、香菇、虾仁煮沸。

③撒入胡椒粉搅匀，倒入洗净的海藻煮1分钟，倒入鸡蛋液煮熟，撒上葱花即可。

玉米团子能够促进胃肠蠕动、促进消化；油菜炒牛肉富含氨基酸、卵磷脂、维生素C，能健脑益智；海藻鲜虾蛋汤能促进消化；苹果有助于减肥。

『主食』荞麦小馒头

材料 荞麦粉250克，面粉250克，酵母4克，改良剂25克，砂糖100克

制作 ①荞麦粉和面粉过筛，混合，加入砂糖、酵母、改良剂、清水拌至糖溶化，加入面粉揉至面团光滑，用保鲜膜包起稍饧。
②将饧好后的面团分切成每30克一个的小剂子，搓成馒头状。
③排入蒸笼中，静置片刻后，用大火蒸约10分钟即可。

『汤品』蛋花番茄紫菜汤

材料 紫菜100克，番茄50克，鸡蛋50克

调料 盐3克，植物油适量

制作 ①紫菜泡发，洗净；番茄洗净，切块；鸡蛋打散。
②锅注水加油烧沸，放紫菜、鸡蛋、番茄煮沸至熟，加盐即可。

荞麦小馒头可为人体补充可溶性膳食纤维，有助于清理消化系统；肉末南瓜土豆泥可补充多种氨基酸、糖类、维生素C，是大脑细胞必需的营养基础；汤可为人体补充多种维生素、钙、铁等成分，且有助于促进消化；葡萄可改善睡眠。所以妈妈们可以经常选择这款套餐作为孩子的早餐。

『配食』肉末南瓜土豆泥

材料 南瓜300克，土豆300克，肉末120克

调料 料酒8克，生抽5克，盐4克，鸡粉2克，香油3克，葱花、植物油各少许

制作 ①南瓜去皮、瓤，洗净，切片；土豆洗净，去皮，切片，将两者同放蒸锅，中火蒸15分钟，取出剁成泥状；肉末入油锅炒至变色，加料酒、生抽、盐、鸡粉炒匀调味。
②把土豆泥、南瓜泥装入碗中，放入肉末、葱花、盐、香油搅拌均匀，至其入味即可。

『配食』洋葱木耳炒鸡蛋

材料 鸡蛋2个，洋葱45克，水发木耳40克

调料 盐3克，料酒、水淀粉、蒜末、葱段、植物油各适量

制作 ①洋葱洗净切丝；木耳洗好撕块，加油、盐焯水1分钟；鸡蛋打散加盐、水淀粉搅匀，煎七成熟。

②锅留底油，放入蒜末爆香，倒入洋葱丝翻炒至其变软，再放入焯煮过的木耳翻炒均匀，淋入少许料酒炒香，加入盐炒匀调味，倒入蛋液炒熟，撒上葱段炒香，淋入水淀粉勾芡即可。

『主食』燕麦馒头

材料 低筋面粉、酵母、泡打粉、改良剂、燕麦粉各适量，砂糖100克

制作 ①低筋面粉、泡打粉过筛与燕麦粉混合，加砂糖、酵母、改良剂、清水揉至面团纯滑，用保鲜膜包起饧约20分钟，擀薄，卷起成长条状，分切成每个约30克的面团。

②馒头均匀排于蒸笼内，用大火蒸约8分钟熟透即可。

『汤品』胡萝卜鸡翅汤

材料 胡萝卜、山药各60克，鸡翅100克

调料 盐、鸡粉各2克

制作 ①将胡萝卜、山药分别去皮洗净，切块；鸡翅洗净，切块，汆水。

②锅上火倒入适量清水，加入胡萝卜、山药、鸡翅煲至熟，加盐、鸡粉调味即可。

配餐原因

主食可以补充机体所需能量；配食中有木耳、鸡蛋、洋葱，有益脑、强身、增高助长的功用；胡萝卜鸡翅汤，可以为大脑补充维生素，利于孩子生长；梨水分较多，常食用有润肺、降火、助消化之功效，孩子也应该常吃。

『主食』奶油小馒头

材料 低筋面粉500克，糖100克，泡打粉5克，酵母4克，改良剂25克，奶油、炼乳各适量

制作 ①低筋面粉、泡打粉混合过筛加酵母、糖、改良剂、奶油、清水揉至面团光滑，用保鲜膜包好，稍饧。

②将面团擀薄，卷成长条状，分切成每20克一个的馒头坯。

③均匀排入蒸笼内，静置片刻后用大火蒸约8分钟熟透，取出，与炼乳一起上桌即可。

『汤品』豆腐鹌鹑蛋汤

材料 熟鹌鹑蛋180克，豆腐150克，苋菜100克，姜片、葱花各少许

调料 盐2克，芝麻油适量

制作 ①豆腐洗净，切块；苋菜洗净，切段。

②锅中注水烧开，放入油、姜片、盐，倒入豆腐块煮沸。

③放入熟鹌鹑蛋、苋菜，煮片刻。

④最后淋入芝麻油，续煮片刻盛出，撒上葱花即可。

配餐原因 主食能补充大脑正常运作所需要的能量，对胃部也有一定的滋养功效；猪肝炒木耳可补充维生素A，有助于保护视力；豆腐鹌鹑蛋汤有开胃、益智之功效；橙子富含水分和维生素C，可以帮助孩子增强抵抗力，防止感冒等症状。

『配食』猪肝炒木耳

材料 猪肝180克，水发木耳50克

调料 盐4克，鸡粉3克，料酒、植物油、生抽、水淀粉、姜片、蒜末、葱段各适量

制作 ①木耳洗净撕块，焯水1分钟；猪肝洗净切片，加盐、鸡粉、料酒抓匀，腌渍10分钟至入味。

②用油起锅，放入姜片、蒜末、葱段爆香，倒入猪肝、料酒炒香，放入木耳炒匀，加盐、鸡粉、生抽炒匀调味，淋入水淀粉勾芡即可。

地锅馍套餐

主食	地锅馍	鸡蛋	蒸水蛋
配食	佛手瓜炒肉片	水果	桃子
饮品	豆浆		

『主食』地锅馍

材料 面粉300克，酵母4克，砂糖80克，植物油适量

制作 ①将面粉、酵母混合均匀，开窝，加入适量的清水、砂糖，混合至砂糖完全溶化，再揉成面团。

②用保鲜膜将面团包起，静置半小时至涨发。

③将发好的面团搓成长条，然后用刀分切成每20克一个的小剂子，入锅大火蒸10分钟至熟。

④入煎锅，倒入少许油，放入馒头，慢慢煎至底层焦糊即可。

『配食』佛手瓜炒肉片

材料 佛手瓜120克，猪瘦肉80克，红椒30克

调料 盐、鸡粉、生抽各3克，植物油、水淀粉、姜片、蒜末、葱段各适量

制作 ①红椒洗净，去籽，切块；佛手瓜去皮洗净，去核，切片；猪瘦肉洗净切片，加盐、水淀粉、油拌匀，腌渍约10分钟，入油锅炒至变色，滴生抽炒透。

②用油起锅，放姜片、蒜末、葱段爆香，倒入佛手瓜炒软，加盐、鸡粉、肉片、红椒炒熟即可。

地锅馍是一款口感脆爽的主食，能补充身体所需的能量，有维护身体健康的作用；配食中，佛手瓜炒肉片能促进食欲，可补充蛋白质、钙质；鸡蛋有助于强化记忆力；豆浆不仅健胃，还可帮助消化；桃子有生津润肠之功效。

南瓜馒头套餐

主食	南瓜馒头	鸡蛋	蒸水蛋
配食	花菜炒鸡片	水果	鲜枣
饮品	牛奶		

『主食』南瓜馒头

材料 熟南瓜200克，食用油适量，低筋面粉500克，白糖50克，酵母5克

制作 ①将低筋面粉、酵母混合匀，放白糖、熟南瓜、清水反复揉搓至光滑，放入保鲜袋中，静置约10分钟，搓成长条形，切成数个剂子，即可馒头生坯。

②取一蒸盘，刷食用油，摆好馒头生坯，入蒸锅静置片刻，大火蒸约10分钟即可。

『配食』花菜炒鸡片

材料 花菜200克，鸡胸肉180克，红椒40克

调料 盐4克，鸡粉3克，植物油、料酒、蚝油、水淀粉、姜片、蒜末、葱段各适量

制作 ①花菜、红椒分别洗净切块，加油、盐焯水1分钟；鸡肉洗净切片，加盐、鸡粉、水淀粉抓匀，注油腌渍10分钟，滑油至变色。

②起油锅，放姜片、蒜末、葱段、花菜、红椒、鸡肉、料酒、盐、鸡粉和蚝油炒匀调味即可。

配餐原因

主食可为孩子机体提供所需的大部分能量，还可以补充果胶，被人体吸收后可以起到解毒、促进消化的作用；花菜炒鸡片可以提供孩子成长所需的大量维生素C和蛋白质。

花卷

『主食』燕麦杏仁卷

材料 面粉200克，酵母4克，燕麦粉50克，改良剂25克，泡打粉20克，杏仁片100克，砂糖170克

制作 ①全部材料加水混合好，揉透至面团纯滑，用保鲜膜包好，饧好，擀薄，杏仁片洗净，撒在中间铺平，卷起呈长条状。

②面团分切成每个45克的剂子，放上蒸笼稍饧，用大火蒸约8分钟即可。

『配食』银耳炒肉丝

材料 水发银耳200克，猪瘦肉200克，红椒30克

调料 料酒4克，生抽3克，盐、鸡粉、水淀粉、姜片、蒜末、葱段、植物油各适量

制作 ①银耳去蒂，撕块，焯水；红椒洗净切丝；猪瘦肉洗净切丝，放盐、鸡粉、水淀粉抓匀，腌渍10分钟。

②用油起锅，放姜片、蒜末爆香，倒肉丝、料酒炒至变色，倒入银耳炒匀，放红椒丝、盐、鸡粉、生抽炒匀，淋水淀粉勾芡，撒葱段炒匀即可。

『汤品』丝瓜猪肝汤

材料 丝瓜120克，虾仁15克，猪肝150克

调料 盐、葱花、姜片各少许

制作 ①猪肝洗净，切片；虾仁洗净；丝瓜去皮洗净，切片。

②锅中加水烧开，下入姜片、猪肝、丝瓜煮10分钟。

③加盐调味，撒上葱花即可。

配餐原因

主食可促进消化、补充能量，而配食则可为人体补充大量的营养物质。银耳炒肉丝含维生素D、蛋白质；咸蛋开胃且可补充多种益脑成分；丝瓜猪肝汤可以养肝护肝；食用一点木瓜，可以帮助消化肉类中的蛋白质。

『主食』燕麦葱花卷

材料 低筋面粉500克，泡打粉、燕麦粉各适量，砂糖100克，酵母4克，改良剂25克，葱花、盐各适量

制作 ①面粉、泡打粉过筛后与燕麦粉混合，加砂糖、酵母、改良剂、清水揉至面团纯滑，用保鲜膜盖好饧约20分钟，擀薄扫上生油，撒上葱花、盐，将面皮包起，压实后用刀切成长条状，搓成麻花状，每两条卷起成型。

②花卷排于蒸笼内，稍静置20分钟，用大火蒸约8分钟即可。

『汤品』蜜橘银耳汤

材料 银耳20克，蜜橘200克

调料 白糖150克，水淀粉适量

制作 ①银耳水发后放入碗内，上笼蒸1小时取出。

②蜜橘剥皮去筋，取净蜜橘肉；将汤锅置旺火上，加入适量清水，将蒸好的银耳放入汤锅内，再放蜜橘肉、白糖煮沸。

③煮沸后用水淀粉勾芡，待汤见开时，盛入汤碗内即可。

配餐原因 主食有很好的开胃效果，可以提高孩子的抗病能力；配食富含维生素C、膳食纤维、蛋白质、钙质等营养成分；蒸水蛋能全面补充营养；蜜橘银耳汤可以养心润肺。孩子食用完早餐后再食用一根香蕉，可以帮助消化，保持心情顺畅。

燕麦葱花卷套餐

主食	燕麦葱花卷	鸡蛋	蒸水蛋
配食	西蓝花炒牛肉	水果	香蕉
饮品	蜜橘银耳汤		

『配食』西蓝花炒牛肉

材料 西蓝花300克，牛肉200克，彩椒40克

调料 盐、鸡粉各4克，生抽、蚝油、水淀粉、料酒各10克，姜片、葱段、植物油各少许

制作 ①西蓝花、彩椒分别洗净切块，西蓝花加盐、油焯水1分钟；牛肉洗净切片，放生抽、盐、鸡粉、水淀粉拌匀，加油腌渍10分钟。

②用油起锅，放姜片、葱段、彩椒炒匀，倒牛肉、料酒、生抽、蚝油、鸡粉、盐、西蓝花炒熟即可。

『主食』金笋腊肠卷

材料 面粉500克，糖100克，泡打粉15克，酵母5克，甘笋汁75克，腊肠适量

制作 ①面粉、泡打粉过筛后加酵母、糖、甘笋汁、清水，揉至面团纯滑，用保鲜膜包起，稍饧，分切成每个30克的小面团，搓成长条状面条，将腊肠卷入成形。

②将腊肠卷均匀排入蒸笼静置片刻，用大火蒸约8分钟即可。

『配食』黄瓜炒牛肉

材料 黄瓜150克，牛肉90克，红椒20克

调料 盐3克，鸡粉2克，生抽5克，料酒、水淀粉、姜片、蒜末、葱段、植物油各适量

制作 ①黄瓜洗净去皮切块；红椒洗好切块；牛肉洗净切片，放生抽、盐、水淀粉抓匀，注油腌渍10分钟，滑油至变色。

②锅底留油，放姜片、蒜末、葱段爆香，倒红椒、黄瓜、牛肉、料酒、盐、鸡粉、生抽炒匀即可。

『汤品』银耳竹荪鸡蛋汤

材料 竹荪50克，银耳20克，蛋2个

调料 姜3片，葱1根，盐3克

制作 ①银耳洗净，泡软，去蒂头；鸡蛋打散；葱洗净切段。

②竹荪洗净后，汆烫5分钟，去异味，切段。

③将银耳、竹荪入锅，加1500毫升水、姜片、葱段以大火煮开，转中火煮10分钟后，加入蛋液，放盐调味即可。

主食可提升食欲促、补充大脑必需的蛋白质；配食和汤可为人体提供优质蛋白、维生素C、维生素E、钙、铁等多种益脑强身的营养成分；柚子则可以帮助孩子健胃消食。

『主食』香芋卷

材料 低筋面粉500克，砂糖100克，泡打粉4克，酵母4克，火腩、香芋各200克

制作 ①低筋面粉、泡打粉过筛开窝，加入糖、酵母、清水拌至糖溶化，揉至面团纯滑，用保鲜膜包起，稍饧后分切成每个30克的小面团，擀成长“日”字形，将切成块状的火腩、香芋包入成形。

⑧香芋卷排入蒸笼内，稍饧，用大火蒸8分钟即可。

『汤品』豆腐骨头汤

材料 卤水豆腐175克，白菜75克，猪骨头100克

调料 花生油25克，盐4克，味精3克，葱丝、姜各2克

制作 ①将卤水豆腐洗净切块；白菜取叶洗净撕成块；猪骨洗净砸碎备用。

②净锅上火倒入花生油，下葱、姜爆香，下入白菜煸炒，倒入水，下入猪骨头、卤水豆腐，调入盐、味精煲至熟即可。

配餐原因 主食富含淀粉、膳食纤维，有开胃消食的作用；西葫芦炒鸡蛋可为人体提供大量的维生素C和机体必需氨基酸；汤则补充了水分、蛋白质、钙质、卵磷脂，有养胃、促消化、益脑的作用；梨可润肺。

『配食』西葫芦炒鸡蛋

材料 鸡蛋2个，西葫芦120克

调料 盐2克，鸡粉2克，水淀粉3克，葱花、植物油各适量

制作 ①西葫芦洗净切片，入沸水锅加盐、油煮1分钟；鸡蛋加盐、鸡粉打散调匀，煎熟。

②锅注油烧热，倒入西葫芦翻炒均匀，下入鸡蛋炒熟。

③加入盐、鸡粉炒匀调味，再倒入适量水淀粉快速翻炒均匀，放入葱花炒匀即可。

双色卷套餐

主食	双色卷	鸡蛋	茶叶蛋
配食	白萝卜炒鸡丝	水果	橙子
饮品	豆浆		

『主食』双色卷

材料 面团250克，熟南瓜100克

制作 ①取适量发好的面团，揉入熟南瓜，反复揉搓，至面团光滑，制成南瓜面团，包好保鲜膜，静置约10分钟。

②分别取适量白色面团和适量南瓜面团，擀平、擀匀，把南瓜面团叠在白色面团上，制成双色卷生坯。

③将生坯静置15分钟，再用大火蒸约10分钟，至双色卷熟透即可。

『配食』白萝卜炒鸡丝

材料 白萝卜120克，鸡胸肉100克，红椒30克，枸杞12克

调料 盐3克，鸡粉、料酒、生抽、植物油、水淀粉各适量，姜丝、葱段、蒜末各少许

制作 ①白萝卜、红椒分别洗净切丝，焯水；鸡胸肉洗净切丝，放鸡粉、盐、水淀粉抓匀腌渍10分钟。

②用油起锅，放入姜丝、蒜末爆香，倒入鸡肉丝、料酒炒香，倒入白萝卜和红椒翻炒，加盐、鸡粉、生抽、枸杞、葱段、水淀粉炒匀即可。

配餐原因

主食口感甘醇，易于消化，有助于提高孩子的食欲。通过食用主食，孩子可以轻松获取机体活动所需的大部分能量；配食和鸡蛋可为孩子补充丰富的优质蛋白质、多种维生素；豆浆中的钙质，有助于促进孩子大脑的发育以及机体其他器官、组织的生长；餐后食用橙子可以缓解油腻、消积食。

香芋火腩卷套餐

主食	香芋火腩卷	鸡蛋	蒸水蛋
配食	丝瓜炒虾球	水果	圣女果
饮品	牛奶		

『主食』香芋火腩卷

材料 面粉500克，砂糖100克，泡打粉4克，酵母4克，改良剂25克，香芋色香油5克，火腩、香芋各200克

制作 ①面粉、泡打粉过筛后加糖、酵母、改良剂、水、香芋色香油揉至面团纯滑，用保鲜膜包起，稍饧后分别切成每个30克的小面团，擀成长“日”字形。

②将火腩切块，香芋切块，包入面皮成形，排入蒸笼内，静置片刻，用大火蒸约8分钟即可。

『配食』丝瓜炒虾球

材料 丝瓜、草菇、虾仁各90克，胡萝卜片少许

调料 盐3克，鸡粉2克，蚝油6克，料酒4克，水淀粉、姜片、蒜末、葱段各适量

制作 ①草菇、丝瓜洗净切块，草菇加盐、油焯水1分钟；虾仁洗净去虾线，加盐、鸡粉、水淀粉拌匀，注油腌渍约10分钟。

②起油锅，把所有食材放入炒熟，再依次加入调料炒入味，最后淋入水淀粉勾芡即可。

配餐原因 香芋火腩卷色香味俱佳，开胃助消化的特点是很多妈妈比较偏爱它的原因。孩子食用这款主食有助于养胃健脾；丝瓜炒虾球补充了大脑所需的多种营养成分；蒸水蛋易消化；牛奶有补钙强身的功效；圣女果可开胃。

麻香凤眼卷套餐

主食　麻香凤眼卷　水果　香蕉
配食　嫩姜菠萝炒牛肉
汤品　蛋丝春笋汤

『主食』麻香凤眼卷

材料 糯米粉250克，粟粉50克，糖25克，牛奶50克，芝麻糊适量

制作 ①糯米粉、粟粉与清水、牛奶拌匀成粉糊，倒入垫好纱布的蒸笼内，用旺火蒸熟倒在案板上，加入糖搓成纯滑面团，擀薄，然后将四周切齐；芝麻糊用凉开水调匀成馅。

②将馅均匀铺于薄皮上，两头向中间折起成形，用刀切成每个约4厘米宽即可上笼蒸。

『配食』嫩姜菠萝炒牛肉

材料 嫩姜、菠萝肉、牛肉各100克，红椒15克

调料 盐3克，鸡粉少许，番茄汁15克，料酒、水淀粉、蒜末、葱段各适量

制作 ①嫩姜洗净切片，加盐腌渍5分钟；红椒、菠萝肉分别洗净切成块；牛肉洗净切片，放盐、鸡粉、水淀粉抓匀，腌渍10分钟至入味。

②分别将姜片、菠萝、红椒入沸水锅焯水半分钟捞出；用油起锅，放所有食材炒匀，加番茄汁、料酒调味即可。

『汤品』蛋丝春笋汤

材料 鸡蛋1个，春笋300克

调料 葱花5克，盐、清汤、植物油各适量，味精1克

制作 ①鸡蛋打入碗内调匀；春笋去皮洗净，切成细丝。

②炒锅上火，放入油烧热，倒入蛋液做成蛋皮，出锅切成细丝。

③锅加入适量清汤，加入葱花、盐，煮开后倒入春笋丝、蛋丝煮熟，撒味精调匀即可。

主食有助于恢复体力，以补充孩子发育期所需的钙质；配食中，嫩姜菠萝炒牛肉有开胃、抗菌、益脑的作用；蛋丝春笋汤可以帮助消化，同时还能补充卵磷脂和维生素C；香蕉则能润肠通便、开心益智，适合饭后食用。

豆沙白玉卷套餐

主食	豆沙白玉卷	鸡蛋	蒸水蛋
配食	青椒炒肝丝	水果	鲜枣
饮品	豆浆		

『主食』豆沙白玉卷

材料 糯米粉250克，粟粉50克，糖25克，牛奶50克，红豆沙适量

制作 ①糯米粉与粟粉混合加入清水、牛奶拌匀后倒入垫好纱布的蒸笼内蒸熟，放在案板上，加入糖揉至面团纯滑。

②将面团擀薄成长“日”字形，铺上红豆沙馅，卷起面皮，压成方扁形条，切成每个约4厘米宽的卷上笼蒸即可。

配餐原因

豆沙白玉卷中含有红豆沙，不仅可补充能量，还能提供铁质、膳食纤维，是孩子补血、消食的营养佳品；配食比较注重滋补孩子的大脑、胃和肝脏，青椒炒肝丝可补充大量的维生素C、维生素A，有补益肝脏、缓解视觉疲劳的作用；蒸水蛋可以提供优质蛋白质、卵磷脂，对大脑发育有促进作用；豆浆则有养胃、促进消化的作用；鲜枣可以补血益气。

『配食』青椒炒肝丝

材料 青椒80克，胡萝卜40克，猪肝100克

调料 盐、鸡粉、生抽各2克，料酒5克，植物油、水淀粉各适量，姜片、蒜末、葱段各少许

制作 ①胡萝卜、青椒分别洗净切丝；猪肝洗净切丝，放盐、鸡粉、料酒、水淀粉，腌渍10分钟。

②分别将胡萝卜丝、青椒丝加油、盐焯水。

③用油起锅，倒入姜片、蒜末、葱段爆香，再下入所有食材翻炒至熟，放盐、鸡粉、生抽炒匀，淋入水淀粉勾芡即可。

螺旋葱花卷套餐

主食	螺旋葱花卷	鸡蛋	蒸水蛋
配食	肉末炒青豆	水果	苹果
饮品	豆浆		

『主食』螺旋葱花卷

材料 面团300克，桑叶粉、猪肉、葱、马蹄肉各适量，砂糖、盐、鸡精、糖、淀粉、香油、胡椒粉各少许

制作 ①将备好的面团分成两份，一份加入桑叶粉揉匀，分别擀成薄皮，然后将两份面团重叠，卷成长条状，分切成每个30克的薄坯，再擀成圆皮状备用。

②将猪肉、葱、马蹄分别洗净切碎，与剩余调味料拌匀成馅，包入圆皮内，排入蒸笼蒸熟即可。

『配食』肉末炒青豆

材料 青豆100克，肉末90克，彩椒丁70克

调料 盐3克，鸡粉2克，料酒5克，生抽7克，蒜末、葱段、植物油各适量

制作 ①青豆和彩椒丁分别洗净，焯水至断生，待用。

②锅内加油烧热，倒入肉末炒匀，淋上生抽、料酒提鲜。

③放入蒜末、葱段炒香，再倒入青豆、彩椒炒匀。

④加入少许盐、鸡粉调味，快速翻炒至食材熟软即可。

配餐原因

螺旋葱花卷外观比较能吸引儿童，富含粗蛋白、食物纤维、维生素C；肉末炒青豆，可为人体提供蛋白质、维生素C，增强免疫力的作用；豆浆易消化吸收，可以预防孩子缺钙；蒸水蛋可健脾、助消化。此外，餐后吃苹果对于改善消化系统、记忆力有一定的好处。

圆花卷套餐

主食	圆花卷	鸡蛋	水煮蛋
配食	鸡丁炒鲜贝	水果	菠萝
饮品	牛奶		

『主食』圆花卷

材料 面团300克，油15克，盐5克

制作 ①面团推揉至光滑，擀成片，刷上一层油，撒盐，用手抹匀，由边缘卷成圆筒形，剂部朝下。

②把面切成2.5厘米宽的生坯，中间压下，手捏住两头向反方向旋转一周，捏紧剂口，即可花卷生坯。

③花卷生坯饧发15分钟，即可上笼蒸熟，取出摆盘即可。

『配食』鸡丁炒鲜贝

材料 鸡胸肉180克，香干70克，干贝85克，青豆65克，胡萝卜75克，姜末、蒜末、葱段、植物油各少许

调料 盐4克，鸡粉3克，料酒4克

制作 ①将食材洗净；香干、胡萝卜分别切丁；鸡肉切丁，放盐、鸡粉腌渍10分钟；分别将青豆、香干、胡萝卜加油、盐焯水1分钟，加干贝煮半分钟。

②起油锅，放姜末、蒜末、葱段、鸡肉、料酒、焯水的食材炒熟，加盐、鸡粉炒匀调味即可。

配餐原因

圆花卷制作简单，口感好，是百搭食材，可以搭配许多具有开胃、滋补功效的食材；鸡丁炒鲜贝能健脑、补虚；牛奶养胃，且营养丰富；水煮蛋有抗疲劳之功效；餐后吃点菠萝能够帮助消化。

葱花卷套餐

主食	葱花卷	水果	木瓜
配食	胡萝卜炒蛋		
饮品	牛奶		

『主食』葱花卷

材料 面团200克，葱花30克，香油10克，盐5克

制作 ①面团揉匀，擀成片，刷一层香油，撒盐、葱花，用手按平，从边缘向中间卷起，剂口处朝下放置，切成大小均匀的生坯，从中间压下，双手捏住两头往反方向旋转一周，捏紧剂口即可葱花卷生坯。

②生坯饧发15分钟后即可入锅蒸熟。

『配食』胡萝卜炒蛋

材料 胡萝卜100克，鸡蛋2个

调料 盐4克，鸡粉2克，水淀粉、葱花各少许，植物油适量

制作 ①鸡蛋打散调匀；胡萝卜去皮，洗净切粒，加盐焯水半分钟，倒入蛋液中，加盐、鸡粉、水淀粉、葱花拌匀。

②用油起锅，倒入调好的蛋液搅拌，翻炒至熟。

③将炒好的鸡蛋盛出，装盘即可。

配餐原因

主食葱花卷开胃、养胃，可为孩子提供充足能量，胡萝卜炒蛋可以补充机体所需的维生素A、维生素C、蛋白质，有健脑、预防夜盲症的功效；牛奶富含钙、蛋白质，孩子常喝可提高免疫力；最后吃点木瓜，可以促进消化吸收。

牛油花卷套餐

主食	牛油花卷	鸡蛋	水煮蛋
配食	嫩炒牛肉	水果	橙子
饮品	豆浆		

『主食』牛油花卷

材料 面团500克，白糖20克，椰浆10克，牛油20克

制作 ①将面团加白糖、椰浆调味，然后将面团揪成大小均匀的面剂，再擀成面皮，将牛油涂于面皮上，从外向里卷起来成圆筒形，揉至纯滑，切成小面剂，中间按下，两头尾对折翻起后即可生坯。

②将生坯放置案板上，饧发片刻后，上笼蒸熟即可。

『配食』嫩炒牛肉

材料 牛肉、荷兰豆各70克，彩椒片25克

调料 盐、鸡粉、老抽、蚝油各3克，料酒5克，水淀粉、姜末、蒜末、植物油各适量

制作 ①牛肉洗净切片，加老抽、盐、鸡粉、水淀粉拌匀腌渍10分钟；荷兰豆、彩椒分别洗净焯水1分钟。

②用油起锅，下入牛肉片翻炒至肉片松散，放入姜末、蒜末、料酒炒香，加老抽、蚝油炒至牛肉上色，倒入焯水的食材、盐、鸡粉炒匀调味，摆盘即可。

配餐原因

这款花卷融入了椰浆，有开胃、滋补的作用，能够快速补充体力；牛肉、鸡蛋为孩子大脑和身体生长发育提供了主要营养；豆浆易消化，可增高助长；橙子可补充丰富的维生素，提高免疫力。

『配食』胡萝卜丁炒鸡肝

材料 胡萝卜80克，芹菜段60克，鸡肝120克

调料 盐、鸡粉、水淀粉、米酒各3克，姜片、蒜末、葱白各少许，植物油适量

制作 ①胡萝卜去皮洗净切丝，加盐焯水；鸡肝洗净切片，加盐、鸡粉、水淀粉腌渍10分钟。

②用油起锅，放姜片、蒜末、葱白爆香，倒入鸡肝炒散，加入米酒炒香，倒入胡萝卜、芹菜炒匀，加入盐、鸡粉炒匀调味，淋入水淀粉勾芡即可。

『主食』双汁花卷

材料 面团500克，菠菜汁、椰汁各适量，椰浆10克

制作 ①将面团一分为二，将菠菜汁和其中一半面团和成菠菜汁面团，椰汁和另一半面揉匀再将两面团分别擀成薄片。将菠菜汁面皮置于椰汁面皮之上，用刀先切一连刀，再切断，将面团扭成螺旋形，将扭好的面团绕圈，打结后即可生坯。

②将生坯放置片刻饧发后，上笼蒸熟即可。

『汤品』开胃罗宋汤

材料 五味子、黄芪各10克，胡萝卜、牛腩各100克，土豆、番茄、洋葱各200克

调料 盐3克，番茄酱5克

制作 ①五味子、黄芪分别洗净，放入棉布袋中包起；牛腩洗净切小块，氽烫；洋葱、胡萝卜分别洗净切块；番茄洗净用热水氽烫，剥皮后切块；土豆去皮洗净切块。

②将以上材料放入锅中，加水煮沸，再用小火煮熟，加调料调味即可。

该主食可为孩子提供充足的能量；配食提供了蛋白质、不饱和脂肪酸、维生素等多种营养成分；汤可改善食欲；香蕉养心、益智、润肠通便。

川味花卷套餐

主食	川味花卷	水果 苹果
配食	火腿彩椒炒荷兰豆	
汤品	清汤荷包蛋	

『主食』川味花卷

材料 面团200克，炸辣椒粉15克，盐3克

制作 ①面团揉匀，擀成薄片，均匀撒上炸辣椒粉、盐抹匀按平，从两边向中间折起形成三层的饼状，按平。

②切成大小均匀的段，取两个叠放在一起，用筷子从中间压下。

③做成花卷生坯，饧15分钟后入锅蒸熟即可。

『汤品』清汤荷包蛋

材料 鸡蛋6个

调料 葱、姜各5克，盐、味精、胡椒粉各2克，香油5克

制作 ①葱洗净，切成葱花；姜去皮，洗净，切末。

②锅上火，注入适量清水，待水煮沸，打入鸡蛋，放入姜末。

③鸡蛋煮至七成熟时，调入盐、味精、胡椒粉，撒上葱花，淋入少许香油，即可出锅。

川味花卷开胃效果极佳，少量食用可以提高食欲、补充体力；配食富含维生素和蛋白质；清汤荷包蛋，有生津润肠、健脑益智的效果；苹果富含维生素、锌等成分，可促进消化吸收，能让孩子拥有好心情。

『配食』火腿彩椒炒荷兰豆

材料 彩椒50克，荷兰豆40克，火腿120克

调料 盐、料酒、鸡粉各3克，姜片、葱段、植物油各适量

制作 ①彩椒洗净切块，焯水；火腿切条；荷兰豆洗净入沸水锅焯 1分钟；火腿炸约1分钟。

②锅底留油，下入姜片、葱段炒香，倒彩椒、荷兰豆、火腿炒匀，淋料酒略炒，加入盐、鸡粉炒匀调味即可。

花生卷套餐

主食	花生卷	水果	圣女果
配食	银鱼炒萝卜丝		
汤品	木耳蛋汤		

『配食』银鱼炒萝卜丝

材料 银鱼干20克，白萝卜300克，胡萝卜65克

调料 盐、鸡粉、生抽各2克，料酒4克，姜丝、蒜末、葱段各少许，植物油适量

制作 ①白萝卜、胡萝卜分别去皮洗净切丝。

②用油起锅，下入姜丝、蒜末爆香，放入洗净的银鱼干，淋入料酒翻炒出香味，倒入白萝卜、胡萝卜，炒至熟软，放入盐、鸡粉、生抽炒匀，再放葱段炒熟即可。

『主食』花生卷

材料 面团200克，花生碎50克，盐5克，香油10克

制作 ①面团揉匀，擀成薄片，刷一层香油，撒盐、炒香的花生碎抹匀按平，卷成圆筒形。

②切成大小均匀的面剂，用筷子从中间压下，双手捏住两头，往反方向旋转一周，捏紧剂口即可花生卷生坯。

③饧发15分钟后即可入锅蒸熟。

『汤品』木耳蛋汤

材料 黄瓜125克，水发木耳20克，鸡蛋1个

调料 盐、鸡精、香油、植物油各适量

制作 ①将黄瓜洗净，切丝；水发木耳择洗干净，切丝；鸡蛋打入盛器内搅匀备用。

②锅倒油，放黄瓜、木耳略炒，倒水、盐、鸡精煮沸，浇入鸡蛋液煲熟，淋入香油即可。

花生卷含有维生素E、锌元素，有增强孩子记忆力的作用；银鱼炒萝卜丝，可以补充大脑所需的养分；木耳蛋汤有助于健脑、润肺、补血；餐后食用圣女果能健胃消食，孩子可以适量食用。

『主食』火腿卷

材料 面团200克，火腿肠2根，香油10克，盐5克

制作 ①面团揉匀，擀成片，均匀刷上一层香油，撒上盐抹平，均匀撒上火腿粒按平。

②从边缘起卷成圆筒形，切成大小均匀的生坯，用两手拇指从中间按压下去，做成火腿卷生坯。

③生坯饧发15分钟，入锅，蒸熟即可。

『汤品』玉米鸡蛋羹

材料 玉米粒30克，鸡蛋1个，西红柿1个

调料 白糖适量，葱花少许

制作 ①将玉米粒洗净，鸡蛋打散搅匀，西红柿洗净，切碎。

②净锅上火倒入水、玉米粒、西红柿碎烧沸，加白糖，淋入鸡蛋液，煲至熟，撒入葱花即可。

配餐原因 火腿卷，可以促进食欲、养胃生津；主食不能满足孩子的成长需求，所以配菜提供了肉类、鸡蛋、素菜以及水果；其中，酸萝卜炒肉片十分开胃，能补充大量的优质蛋白质；玉米鸡蛋羹能补充维生素B_6、烟酸、卵磷脂，可补脑、促进排泄；最后吃点葡萄，有助消化、缓解疲劳的作用。

『配食』酸萝卜炒肉片

材料 酸萝卜片200克，瘦肉100克，红椒片少许

调料 盐3克，白糖5克，番茄汁10克，植物油、鸡粉、料酒、水淀粉、姜片、蒜末、葱段各适量

制作 ①瘦肉洗净切片，加盐、鸡粉、水淀粉腌渍10分钟至入味。

②用油起锅，放姜片、蒜末、葱段爆香，倒入肉片、料酒拌炒香，放入酸萝卜片、红椒片炒匀，加入番茄汁、白糖、盐炒匀调味即可。

『配食』韭菜炒虾仁

材料 韭菜200克，虾200克

调料 味精3克，盐4克，姜5克，鸡精2克，植物油适量

制作 ①韭菜洗净后切成段；虾剥去壳，挑去虾线洗净；姜洗净切片。

②锅上火，加油烧热，下入虾仁炒至变色。

③加入韭菜段、姜片，炒至熟软，调入调味料炒匀即可。

『主食』葱花火腿卷

材料 面团500克，香葱20克，火腿40克，盐、味精各少许，白糖20克，椰浆9克

制作 ①香葱、火腿分别洗净，均切粒，加盐、味精、白糖、椰浆拌匀，放于擀好的面皮上，对折起来，用刀先切一连刀，再切断，拉伸绕圈，打一个结后即可生坯。

②将做好的生坯放置饧发片刻，再上笼蒸熟即可。

『汤品』百合参汤

材料 水发百合75克，水发莲子30克，沙参1个

调料 冰糖适量

制作 ①将百合、莲子均洗净；沙参用温水清洗备用。

②锅入水，调入冰糖，下沙参、莲子、百合煲至熟即可。

配餐原因

这款主食是开胃、补充体力的营养早餐；此套餐在配食中提供了韭菜炒虾仁，可以补充孩子所需的维生素C、蛋白质、糖类，有补虚、健脑的作用；而百合参汤可以润肺止咳、宁心安神；吃一个水煮蛋，可以让思维变得更活跃；孩子在用餐后食用一个橙子，可以解除油腻感。

菠菜香葱卷套餐

主食 菠菜香葱卷	鸡蛋 蒸水蛋
配食 肉末炒玉米	水果 梨
饮品 牛奶	

『主食』菠菜香葱卷

材料 面团500克，菠菜叶30克，盐少许，白糖20克，椰浆10克，香葱10克，生油少许

制作 ①香葱洗净切花。菠菜叶洗净榨汁，与盐、白糖、椰浆、生油加入面团中，揉成菠汁面团，把切碎的葱花放于擀薄的菠汁面皮上，再将面皮对折起来。

②将对折的面皮用刀先切一连刀，再切断，拉伸。

③将其绕圈，打结成花卷生坯，放置饧发，再上笼蒸熟即可。

配餐原因

菠菜对胃和胰腺的分泌功能有良好的促进作用，能够促进消化，所以这款花卷比较适合孩子食用；配食中的肉末炒玉米提供了孩子成长所需的蛋白质、脂肪、纤维素，可以补益大脑、促进排泄；蒸水蛋很适合儿童食用，有健脾开胃之功效；牛奶可补充钙质和其他营养成分；餐后吃梨，可生津止渴、润肺，消除油腻感。

『配食』肉末炒玉米

材料 肉末、鲜玉米粒各180克，青、红椒各25克

调料 盐、生抽、料酒各3克，鸡粉、植物油、水淀粉各适量，姜片、蒜末、葱白各少许

制作 ①青、红椒分别洗净切块；玉米粒洗净焯水。

②锅倒油烧热，倒入肉末炒至变色，淋入生抽、料酒炒匀提味，倒入姜片、蒜末、葱白拌炒均匀，加入青椒、红椒炒片刻。倒入玉米粒炒出水汽，加入盐、鸡粉炒匀调味，再淋水淀粉勾芡即可。

五香牛肉卷套餐

主食	五香牛肉卷	鸡蛋	水煮蛋
配食	丝瓜滑子菇	水果	苹果
饮品	牛奶		

『主食』五香牛肉卷

材料 面团500克，牛肉末60克，盐5克，白糖25克，味精、香油、五香粉、椰浆各适量

制作 ①把牛肉末加所有调味料拌匀成馅料；和面时加盐、白糖、椰浆揉匀，擀成薄面皮，均匀撒上牛肉末从外向里折，先切一连刀，再切断拉伸，扭成花形，绕圈，打结后成花卷生坯。

②将生坯放于案板上饧发片刻，上笼蒸熟即可。

『配食』丝瓜滑子菇

材料 丝瓜350克，滑子菇20克，红椒少许

调料 盐、鸡精、淀粉、香油、植物油各适量

制作 ①丝瓜洗净，去皮，切成长条；滑子菇洗净；红椒洗净，切成片。

②起油锅，爆香红椒片，加入丝瓜条翻炒至熟软，再加入滑子菇翻炒至熟，加调味料翻炒至入味即可。

此套餐中的主食香甜爽口，对于孩子来说，这也是吸收牛肉中多种氨基酸的营养来源；配食可补充氨基酸、多种维生素、卵磷脂、钙、铁、磷等成分。当然，还需要补充水分，而牛奶对于吃得较多的孩子来说，养胃的效果就更加明显了，还可增高助长；而吃苹果可以补充益脑的锌元素。

葱花肉卷套餐

主食	葱花肉卷	鸡蛋	煎蛋
配食	玉米粒炒杏鲍菇	水果	草莓
饮品	豆浆		

『主食』葱花肉卷

材料 面团300克，肉末120克，葱花少许，盐2克，鸡粉2克，白糖3克，老抽2克，料酒、生抽各3克，植物油适量

制作 ①用油起锅，倒入肉末翻炒匀，加盐、白糖、鸡粉、料酒、生抽、老抽，快速翻炒至肉末熟透，制成馅料。

②取适量面团，揉搓成长条，压扁，擀成面皮，放入炒好的馅料，撒上葱花，制成肉卷生坯，静置15分钟。

③上蒸笼，大火蒸约10分钟，至肉卷熟透即可。

『配食』玉米粒炒杏鲍菇

材料 杏鲍菇、玉米粒、彩椒各90克

调料 盐、鸡粉各2克，白糖少许，料酒4克，水淀粉、蒜末、姜片、植物油各适量

制作 ①杏鲍菇、彩椒分别洗净切丁，焯水；玉米粒洗净加盐焯水1分钟。

②用油起锅，放姜片、蒜末爆香，倒入杏鲍菇、玉米粒、彩椒丁炒匀，加料酒、盐、鸡粉、白糖中火炒匀调味，淋入适量水淀粉勾芡，装入盘中即可。

配餐原因

葱花肉卷可补充体力、增强免疫力。配食中富含蛋白质、膳食纤维，能起到润肠通便的效果；煎蛋和豆浆能补充大脑最需要的氨基酸、脑磷脂、卵磷脂等成分；草莓可以促进消化与吸收。

腊肠卷套餐

主食	腊肠卷	鸡蛋	水煮蛋
配食	鲜虾紫甘蓝沙拉	水果	香蕉
饮品	牛奶		

『主食』腊肠卷

材料 面团500克，腊肠半根

调料 白糖适量

制作 ①和面时加入适量白糖调味，并把面团揉匀成细条，放于腊肠之上，再按顺时针方向缠起来，直至缠完腊肠。

②将做好的腊肠卷放于案板之上饧发片刻，再上笼蒸熟即可。

『配食』鲜虾紫甘蓝沙拉

材料 虾仁70克，番茄130克，彩椒50克，紫甘蓝60克，西芹70克

调料 沙拉酱15克，料酒5克，盐2克

制作 ①西芹洗净切段；番茄洗好切瓣；彩椒、紫甘蓝分别洗净切块。

②除番茄外的蔬菜加盐，焯水半分钟；虾仁洗净煮沸，调入料酒煮1分钟。

③所有的材料和调料倒入碗中，搅拌均匀即可。

配餐原因

腊肠具有开胃效果，同时还能提供孩子成长所需的动物蛋白等成分，也是孩子所需能量的来源之一。配食中，鲜虾紫甘蓝沙拉可以调节胃口，补充蛋白质、钙元素、维生素C，对于大脑、中枢神经系统的完善具有促进作用；水煮蛋可增强记忆力；牛奶能增高助长；香蕉有利于促进消化和通便。

Part 3 饺子、馄饨搭配出的美味营养早餐

饺子、馄饨均含有馅料，既可多变又可单一，其做法也多种多样，涵盖了煮、蒸、煎、炸等多种烹饪方法。这两类美食具有口感好、色泽佳、营养丰富等特点，对于孩子们和妈妈们来说，都是难以抵挡诱惑的美食。本章所推荐的饺子、馄饨类美味，样式新颖多变且营养科学合理。妈妈们除了可以一步步按照书中的步骤来制作饺子、馄饨外，还可以根据孩子的自身状况来融入新的食材，改变烹饪手法，以制作出更贴心的个性早餐。

大眼鱼蒸饺套餐

主食	大眼鱼蒸饺	鸡蛋	豆浆蒸蛋
配食	菠菜拌核桃仁	水果	圣女果
饮品	牛奶		

『配食』菠菜拌核桃仁

材料 菠菜400克，核桃仁150克

调料 香油20克，盐4克，鸡精、蚝油各1克

制作 ①将菠菜洗净，放入沸水中焯水，装盘待用；核桃仁洗净，入沸水锅中汆水至熟，捞出，倒在菠菜上。

②用香油、蚝油、盐和鸡精调成味汁，淋在菠菜核桃仁上，搅拌均匀即可。

『主食』大眼鱼蒸饺

皮料 饺子皮100克

馅料 贡菜、猪肉各150克，玉米粒100克，胡萝卜50克，蟹子、盐、鸡精、白糖各适量

制作 ①猪肉、胡萝卜、贡菜均洗净，切碎；玉米粒洗净。

②将各料混合一起，加入调味料拌匀即可馅料。

③用饺子皮将馅包入，将收口捏紧成型，均匀排入蒸笼内。

④放入胡萝卜粒、玉米粒、蟹子作装饰，以旺火蒸约6分钟至熟即可。

『鸡蛋』豆浆蒸蛋

材料 鸡蛋100克，豆浆适量

调料 盐少许

制作 ①将鸡蛋打入大碗中，撒上少许盐，搅匀，倒入备好的豆浆，拌匀，制成蛋液，待用。

②蒸锅上火烧开，放入装有蛋液的小碗。

③用大火蒸约8分钟至食材熟透，取出即可。

主食口感鲜爽，可以补充孩子成长所需的蛋白质、维生素B_1、维生素C、维生素B_6；配食中菠菜拌核桃仁有通肠导便、增强记忆力之功效；豆浆蒸蛋可补充卵磷脂，能健脑、促消化；牛奶能补钙强身；圣女果可补充水分、维生素，常吃能让孩子神清气爽。

『主食』韭菜水饺

皮料 猪油10克，面粉500克

馅料 鸡精、白糖、盐、香油、胡椒粉各适量，韭菜、猪肉各100克，马蹄肉25克

制作 ①面粉过筛开窝，放入猪油、盐、清水拌匀。

②揉至面团纯滑时用保鲜膜包好，饧好备用；馅料洗净切碎与调料拌匀备用。

③面团饧好后擀成薄皮，用切模轧成饺皮，包入馅料捏紧成型。

④将成型的饺子排入蒸笼，蒸约6分钟熟透即可。

『汤品』白果猪肚汤

材料 猪肚300克，白果30克，葱段15克，姜片10克

调料 高汤600毫升，盐3克，料酒10克，生粉30克

制作 ①猪肚用盐和生粉抓洗干净，重复几次后洗净，切条。

②将猪肚和净白果加入适量水煮20分钟至熟，捞出沥水。

③将所有材料一同放入瓦罐内，加入高汤及料酒，小火烧煮至肚条软烂时，调入盐调味即可。

主食油而不腻，爽口润喉；配食中，彩椒拌腐竹可健脑益智；白果猪肚汤可增强免疫力、润肺；水煮蛋易消化，可增强记忆力；芒果可解油腻，还能改善孩子的视力。

『配食』彩椒拌腐竹

材料 彩椒200克，腐竹100克

调料 盐3克，鸡精1克，香油20克，葱花少许

制作 ①将彩椒洗净，切成丝；腐竹用温水浸泡，切段。

②将彩椒和腐竹分别放入沸水锅中汆水至熟，捞起沥干，装盘。

③倒入适量香油、鸡精和盐拌匀，撒上葱花即可。

锅贴饺套餐

主食　锅贴饺	鸡蛋　蒸水蛋
配食　生炒菜心	水果　苹果
饮品　豆浆	

『主食』锅贴饺

皮料 面粉400克

馅料 猪肉400克，植物油、葱花、姜末各适量，盐、酱油各10克

制作 ①猪肉洗净切薄片，再剁成馅。

②加入盐、葱花、姜末、酱油拌匀待用。

③将面粉加水，揉匀成面团，揪成大小均匀的剂子放在案板上擀成饺皮，包入调好的馅料待用。

④取煎锅，放油，将油烧热，摆入包好的饺子，煎熟至底焦硬。

⑤装盘和醋一同上桌。

『配食』生炒菜心

材料 菜心350克，大蒜40克，青椒、红椒各20克

调料 盐3克，鸡精1克，水淀粉15克，植物油、蒜末各适量

制作 ①将菜心洗净，沥干水分；青椒、红椒均洗净，切圈。

②炒锅注油烧热，放入蒜末爆香，倒入菜心快速翻炒至微软，加入青椒、红椒翻炒至熟。

③加入盐和鸡精调味，最后用水淀粉勾芡，起锅装盘即可。

配餐原因

经过油煎的锅贴饺，不仅成色好，而且口感棒，能为人体提供丰富的蛋白质和矿物质元素，是早餐的佳选；而配食中，生炒菜心能补充丰富的维生素C和膳食纤维；蒸水蛋开胃又健脑；豆浆能补钙强身、养胃。养成餐后吃一个苹果的习惯，能增强孩子的记忆力、促进发育。

『主食』多宝鱼蒸饺

皮料 澄面350克，生粉150克

馅料 盐5克，虾500克，肥肉50克，生粉13克，鸡精10克，糖15克，猪油25克

制作 ①清水煮开，将生粉、澄面烫熟，揉至面团纯滑，再分切成均匀的小面团，然后擀成薄皮备用。

②馅料洗净切碎，然后将各调料拌入，制成馅料，包入薄皮中，将口收捏紧成型。

③均匀排入蒸笼，用黑芝麻装饰，用旺火蒸约6分钟即可。

『鸡蛋』蛤蜊鸡蛋饼

材料 净蛤蜊肉80克，鸡蛋2个

调料 香油、盐、鸡粉各2克，葱花少许，水淀粉5克，植物油、胡椒粉各适量

制作 ①鸡蛋打散，加盐、鸡粉调匀，放入净蛤蜊肉、葱花、胡椒粉、香油、水淀粉调匀。

②油烧热，倒入部分蛋液煎至六成熟，盛出放入蛋液中，混合。

③煎锅注油，倒入混合好的蛋液，煎至两面金黄色，取出。

④切成扇形，装盘即可。

配餐原因 该主食可改善虚弱、开胃益心。配食中芹菜炒土豆含维生素C、铁元素；蛤蜊鸡蛋饼可健脑、改善记忆力；豆浆能增强体质；苹果能补水和锌元素。

『配食』芹菜炒土豆

材料 土豆750克，芹菜75克

调料 黄油100克，盐4克，葱150克

制作 ①将土豆去皮，洗净煮熟，捞出，沥干水分，晾凉，切成小薄片，葱、芹菜分别洗净切成碎末。

②在煎锅中放入黄油，上火烧热，下土豆片翻炒，一面炒上色后，翻转再炒。

③待土豆上匀色时，撒入葱末和芹菜末一起炒匀，加盐调味，即可装盘食用。

金鱼蒸饺套餐

主食	金鱼蒸饺	鸡蛋	蛤蜊蒸蛋
配食	胡萝卜烩木耳	水果	香蕉
饮品	豆浆		

『配食』胡萝卜烩木耳

材料 胡萝卜200克，木耳20克

调料 盐4克，白糖3克，生抽5克，鸡精2克，料酒5克，葱段10克，姜片5克，植物油适量

制作 ①木耳用冷水泡发洗净，撕成片；胡萝卜洗净，切成片。

②锅置火上倒油，待油烧至七成热时，放入姜片、葱段煸炒，随后放木耳稍炒一下，再放胡萝卜片，加料酒、盐、生抽、白糖、鸡精炒熟即可。

『主食』金鱼蒸饺

皮料 澄面350克，淀粉150克

馅料 盐、生粉、鸡精、糖、猪油、香菜梗各适量，虾500克，肥肉50克

制作 ①清水煮开加入淀粉、澄面，烫熟后倒在案板上，然后揉匀至面团纯滑。

②分切成小面团，擀薄皮备用。

③馅料洗净切碎与调料拌匀成馅，用薄皮包入馅料，将包口捏紧成型。

④排入蒸笼内，然后用香菜梗装饰，用旺火蒸约6分钟即可。

『鸡蛋』蛤蜊蒸蛋

材料 鸡蛋2个，蛤蜊肉90克

调料 盐1克，姜丝、葱花各少许，料酒2克，生抽7克，香油2克

制作 ①将蛤蜊肉洗净，汆水装碗，放入姜丝，调入料酒、生抽、香油拌匀。

②鸡蛋打散，加盐、清水拌匀。

③放入烧开的蒸锅中蒸至熟，放上蛤蜊肉，用小火再蒸2分钟，取出。

④淋入生抽，撒上葱花即可。

主食能补虚、抗衰；配食中，胡萝卜烩木耳可以改善主食的油腻感；蛤蛎蒸蛋可促进神经系统的发育；豆浆能补充钙元素和铁元素；香蕉可帮助消化。

『主食』薄皮鲜虾蒸饺

皮料 面团200克

馅料 馅料100克（内含虾肉、肥膘肉、竹笋各适量）

制作 ①将面团揉匀搓成长条状，分别切成每个30克的小面团。

②将面团擀成面皮，再取适量馅料置于面皮之上。

③将面皮从四周慢慢向中间打褶包好。

④包好后，静置饧发片刻。

⑤放入蒸笼，用大火蒸约7分钟，至熟即可。

『汤品』番茄蛋花汤

材料 番茄1个，鸡蛋1个

调料 盐2克，味精3克

制作 ①将番茄洗净，切成块状，备用。

②鸡蛋打入碗中，用筷子搅拌均匀。

③锅置火上，加入适量清水，用大火烧开，然后先加入番茄，再加入蛋液煮至熟，调入盐、味精即可。

主食注重口感的糯爽，能够增加食欲，补充蛋白质和钙元素；配食中，白菜金针菇能补充赖氨酸，可活化神经细胞，促进智力的发育；番茄蛋花汤有助于润肤、强化记忆力；苹果有助于益智、促消化。

薄皮鲜虾蒸饺套餐

主食	薄皮鲜虾蒸饺	水果	苹果
配食	白菜金针菇		
汤品	番茄蛋花汤		

『配食』白菜金针菇

材料 白菜350克，红辣椒10克，金针菇100克，水发香菇20克

调料 盐3克，鸡精2克，植物油适量

制作 ①白菜洗净，撕大片；香菇洗净切块；金针菇去尾，洗净；红辣椒洗净，切丝备用。

②锅中倒油加热，倒入香菇翻炒片刻，放入金针菇、白菜，炒至熟软。

③最后调入盐和鸡精，炒匀入味，盛出装盘，撒上红辣椒丝即可。

『配食』番茄肉末蒸豆腐

材料 番茄、日本豆腐各100克，肉末80克

调料 盐3克，鸡粉2克，料酒3克，生抽4克，水淀粉、植物油各适量，葱花少许

制作 ①豆腐洗净，切成小块；番茄洗净切成丁。
②起油锅，倒入肉末炒匀，调入料酒、生抽、盐、鸡粉，放入番茄，用水淀粉勾芡，炒成酱料。
③取蒸盘，放上豆腐，铺上酱料，放入蒸锅蒸熟。
④取出，撒上葱花，浇上少许热油即可。

『主食』脆皮豆沙饺

皮料 糯米粉500克，糖80克，澄面150克，猪油150克

馅料 豆沙100克，植物油适量

制作 ①清水、糖加热煮开，加入糯米粉、澄面，拌至没粉粒状倒在案板上。
②拌匀后加入猪油揉至面团纯滑，将面团搓成长条状。
③将面团、豆沙分别切成每个30克的面团，再将面团擀压成薄皮。
④将豆沙馅包入，捏成三角形。
⑤稍饧，然后以150℃油温炸成浅金黄色即可。

『鸡蛋』发菜鸡蛋饼

材料 发菜90克，面粉80克，洋葱70克，鸡蛋1个

调料 盐2克，鸡粉2克，香油2克，植物油适量

制作 ①洋葱洗净，切成粒，焯水；发菜洗净，切碎。
②锅加水烧开，放入发菜，焯水，捞出，装碗。
③鸡蛋打散，加鸡粉、洋葱、发菜、盐、香油、面粉、清水，搅匀成面糊。
④热锅注油，倒入蛋糊煎至两面焦黄色，取出切块，装盘即可。

主食口感香糯，能开胃、补充体力；配食中，番茄肉末蒸豆腐有助于健脑、抗衰老；鸡蛋饼可补虚；牛奶可提高身体抵抗力；香蕉能帮助孩子消化。

家乡咸水饺套餐

主食　家乡咸水饺	鸡蛋　水煮蛋
配食　玉米炒鸡丁	水果　柑橘
饮品　豆浆	

『主食』家乡咸水饺

皮料 糯米粉500克，澄面150克，猪油150克，白糖100克

馅料 猪肉150克，虾米20克、盐3克，植物油适量

制作 ①清水、白糖煮开，加入糯米粉、澄面。

②烫熟后倒在案板上揉匀，加入猪油揉至面团纯滑。

③搓成长条状，分别切成每个30克的小面团，擀成面皮备用。

④猪肉、虾米洗净切碎，加调料炒熟，制成馅料。

⑤面皮包入馅料，捏紧成型。

⑥以150℃油温炸成浅金黄色至熟透即可。

配餐原因

此套餐的主食是比较有嚼劲的油炸饺子，能为孩子提供大脑发育所需的能量和基础营养物；配食中则准备了富含淀粉和维生素的玉米炒鸡丁；鸡蛋能补充卵磷脂和蛋白质，有助于提高记忆力；豆浆富含蛋白质；柑橘能改善腹胀。

『配食』玉米炒鸡丁

材料 净玉米粒50克，鸡胸肉丁150克，青椒丁、红椒丁各20克

调料 盐、鸡粉、料酒、水淀粉、味精、植物油各适量，姜片、蒜末、葱白各少许

制作 ①鸡胸肉加调味料腌渍入味，汆熟。

②分别将玉米粒、青椒丁、红椒丁焯熟。

③热锅注油，放入鸡胸肉，滑油捞出备用。

④锅留油，爆香葱姜蒜，倒入其余材料，调入味精、盐、鸡粉、料酒、水淀粉炒熟即可。

大白菜水饺套餐

主食	大白菜水饺	水果	香蕉
配食	彩椒肉丝		
鸡蛋	水煮蛋		

『主食』大白菜水饺

皮料 面团500克

馅料 盐、味精、香油各3克，肉馅250克，大白菜100克，胡椒粉、生油各少许

制作 ①大白菜洗净，切成碎末，加入肉馅中，再放入调味料拌匀成馅料。

②将面团分切成小面团，擀成皮；取饺子皮，每个放20克肉馅，将面皮对折，再将面皮的边缘包起，将边缘捏成螺旋形，煮熟食用即可。

『配食』彩椒肉丝

材料 彩椒条100克，瘦肉丝150克

调料 盐3克，鸡粉2克，嫩肉粉、植物油、水淀粉、料酒各适量，姜片、蒜末、葱白各少许

制作 ①肉丝加调味料腌渍入味，入油锅滑油捞出；彩椒焯水捞出。

②锅留油，爆香葱姜蒜，倒入彩椒、肉丝、料酒、盐、鸡粉炒匀。

③加入少许水淀粉，炒匀至入味即可。

配餐原因

大白菜水饺可以说是大众水饺，是一类补虚强身、增进食欲的美食，作为孩子的早餐也很合适；此套餐的配食可为孩子补充维生素C、蛋白质；水煮蛋可提高记忆力；餐后吃点香蕉，可促进消化、消除疲劳。整个套餐主要能起到健脑益智、强身健体、缓解疲劳的功效，非常适合孩子食用。

菠菜水饺套餐

主食	菠菜水饺	水果	橙子
配食	黄瓜炒火腿		
鸡蛋	煎蛋		

『主食』菠菜水饺

皮料 面团500克

馅料 白糖5克，肉馅250克，菠菜100克，味精、盐、香油各3克，胡椒粉、生油各少许

制作 ①菠菜洗净切碎末，装碗，加入肉馅和所有调味料一起拌匀成馅。

②将面团揪成大小均匀的剂子擀成饺子皮；取饺子皮，内放20克的肉馅，将皮的两角向中间折拢，将中间的面皮折成鸡冠形，捏紧，即可生坯，煮熟食用即可。

『配食』黄瓜炒火腿

材料 黄瓜片500克，火腿100克，红椒丝5克

调料 盐3克，料酒3克，蚝油3克，植物油、味精、白糖、水淀粉各适量，姜片、蒜末、葱白各少许

制作 ①油烧热，将火腿稍炸捞出。

②锅留油，倒入姜片、蒜末、葱白、红椒炒匀，再倒入黄瓜、火腿翻炒。

③调入料酒、蚝油、盐、味精、白糖。

④加入少许水淀粉，炒匀即可。

配餐原因

菠菜饺子，解油腻，还带着菠菜的清香，适合口味偏淡的孩子食用；配食中，黄瓜炒火腿可为人体提供蛋白质、糖类、膳食纤维、维生素C等成分；煎蛋有补虚、提高记忆力的作用；橙子适合餐后吃，可消积食。

玉米水饺套餐

主食	玉米水饺	水果	苹果
配食	芹菜炒猪皮		
鸡蛋	蒸水蛋		

『主食』玉米水饺

皮料 面团500克

馅料 盐、味精、白糖、香油各3克，肉馅250克，玉米粒60克，胡椒粉、生油各少许

制作 ①将玉米粒洗净，加入肉馅，再加入调味料拌匀成馅。

②将面团揪成大小均匀的剂子，擀成饺子皮；取饺子皮，内放20克肉馅，将皮从三个角向中间折拢，分别扭成小扇形。

③将馅与面皮处捏紧，入锅煮熟即可。

『配食』芹菜炒猪皮

材料 芹菜段70克，红椒丝30克，熟猪皮110克

调料 豆瓣酱、盐4克，鸡粉、植物油、白糖、老抽、料酒、水淀粉各适量，姜片、蒜末、葱段各少许

制作 ①猪皮切条；起油锅，爆香葱姜蒜，倒入猪皮，调入料酒、老抽、白糖，炒至猪皮上色，再倒入备好的红椒、芹菜，翻炒至断生。

②调入豆瓣酱、盐、鸡粉、水淀粉炒匀即可。

配餐原因

此套餐的主食偏甜，水分也较多，能开胃健脾，适合体虚、食欲差的孩子食用；配食中，芹菜炒猪皮有助于提高食欲，还可补充大量维生素C、膳食纤维、胶原蛋白；蒸水蛋易消化，特别适合小儿健脑、提高记忆力之用；苹果可补充丰富的锌元素，可健脑。

羊肉玉米水饺套餐

主食	羊肉玉米水饺	水果	西瓜
配食	白菜梗炒肉		
鸡蛋	蒸水蛋		

『主食』羊肉玉米水饺

皮料 面团500克

馅料 盐、味精、香油各3克，羊肉250克，玉米粒100克，糖2克，胡椒粉、生粉各少许

制作 ①羊肉洗净切碎，加入洗净的玉米粒拌匀，再加入所有调味料，拌匀成馅。

②将面团揪成剂子，擀成饺子皮；取饺子皮，放入适量馅料，再将面皮对折。

③封口处捏紧，再将面皮边缘捏成螺旋形，入锅煮熟即可。

『配食』白菜梗炒肉

材料 卤猪头肉300克，白菜梗110克，红椒块40克

调料 盐3克，鸡粉2克，生抽4克，豆瓣酱10克，水淀粉4克，葱丝、姜丝、蒜丝、植物油各少许

制作 ①白菜梗洗净切小块，焯水捞出。

②起油锅，倒入切好的猪头肉炒至出油，倒入生抽，放入葱、姜、蒜、红椒、豆瓣酱、白菜梗，炒匀，调入盐、鸡粉。

③倒入适量水淀粉，炒匀即可。

配餐原因

主食中加入了一些胡椒粉和生粉，可以去除羊肉的膻味和增加口感，孩子常食可补虚强身、增进智力；配食中，白菜梗炒肉有开胃、补虚弱的作用；蒸水蛋含多种氨基酸、卵磷脂，能促进大脑发育；西瓜能解渴消暑、利尿除烦。

鸡肉芹菜水饺套餐

主食 鸡肉芹菜水饺	鸡蛋 水煮蛋
配食 黄花菜炒肉	水果 苹果
饮品 豆浆	

『主食』鸡肉芹菜水饺

皮料 面团500克

馅料 鸡肉250克，芹菜100克，盐10克，味精5克，白糖8克

制作 ①鸡肉、芹菜分别洗净剁碎。

②加入盐、味精、白糖一起拌匀。

③将面团分成小面团，用擀面杖擀成饺子皮。

④取饺子皮，内放20克馅料，将面皮对折。

⑤用大拇指与食指捏住面皮。

⑥再将面皮捏紧，捏成饺子形，放入沸水锅中煮熟，盛出即可。

配餐原因

鸡肉芹菜饺富含铁元素、蛋白质，对孩子的成长十分有利；配食中，黄花菜炒肉能提高孩子的食欲，补充益脑的糖类、蛋白质、维生素C；水煮蛋能补虚强身、增强记忆力；豆浆有养胃护胃之功效，还可补充钙元素；苹果能润肠、益智，餐后食用非常合适。

『配食』黄花菜炒肉

材料 水发黄花菜150克，瘦肉丝100克，红椒丝15克，姜片、蒜末、葱白各少许

调料 盐4克，鸡粉3克，生抽、料酒各5克，水淀粉适量

制作 ①将肉丝腌渍，待用；黄花菜焯水捞出。

②用油起锅，爆香姜片、蒜末、葱白、红椒，倒入肉丝炒至变色，淋入少许料酒，倒入黄花菜炒匀。

③调入盐、鸡粉、生抽、水淀粉，炒至入味即可。

『主食』鱼肉大葱蒸饺

皮料 面团500克

馅料 盐5克，鱼肉300克，大葱100克，玉米粒60克，味精6克，白糖8克，香油、生抽、老抽各少许

制作 ①大葱、玉米粒分别洗净，切碎；鱼肉洗净，去鳞，剁成泥，装碗，加入馅料拌匀成馅。

②将面团揪成剂子，擀成饺子皮；取饺子皮，内放20克鱼肉馅，将面皮对折包好，再包成三角形。

③面皮折好卷成三眼形，即可生坯，放入锅中蒸至熟即可。

『汤品』上汤黄瓜

材料 黄瓜300克，虾仁、青豆各100克，火腿50克

调料 盐3克，鸡精1克，高汤500毫升

制作 ①黄瓜洗净，去皮，切块；虾仁、青豆分别洗净；火腿切片。

②锅中倒入高汤煮沸，下入黄瓜和青豆煮熟，倒入虾仁和火腿再次煮沸。

③调入盐和鸡精，拌匀即可。

主食易消化，且口感鲜美；配食中，肉酱焖土豆能改善食欲，可补充蛋白质、钾元素和锌元素；蒸水蛋有助于健脑、补虚；上汤黄瓜能补充维生素C；葡萄可利尿、益气血。

『配食』肉酱焖土豆

材料 小土豆300克，五花肉100克

调料 豆瓣酱15克，盐、鸡粉各2克，料酒5克，姜末、蒜末、葱花各少许，植物油、老抽各适量

制作 ①土豆洗净去皮；五花肉洗净剁成肉末。

②起油锅，爆香姜末、蒜末，放入肉末炒至变色，加入老抽、料酒、豆瓣酱，倒入小土豆，翻炒匀。

③加清水、盐、鸡粉，焖至熟，撒上葱花即可。

牛肉水饺套餐

主食 牛肉水饺
配食 番茄炒肉片
饮品 豆浆
鸡蛋 时蔬煎蛋
水果 香蕉

『配食』番茄炒肉片

材料 番茄90克，瘦肉100克

调料 盐3克，鸡粉少许，白糖2克，番茄酱5克，蒜末、葱花各少许，水淀粉3克，植物油适量

制作 ①瘦肉洗净，切片；番茄洗净，切片。
②瘦肉装碗，加盐、鸡粉、水淀粉腌渍入味。
③热锅注油，爆香蒜末，倒入肉片，炒至肉片变色，下入番茄翻炒，调入盐、白糖、番茄酱。
④炒至入味，盛出，撒入少许葱花即可。

『主食』牛肉水饺

皮料 面团500克

馅料 牛肉250克，盐、味精、香油、蚝油、糖、胡椒粉、生抽各少许

制作 ①牛肉洗净，余去血水，再切成牛肉末。
②牛肉末内加入所有调味料，拌匀成馅料。
③将面团揪成大小相等的剂子，擀成饺子皮；取一饺子皮，内放20克的牛肉馅，将面皮对折，封口处捏紧。
④再捏成水饺形，煮熟即可。

『鸡蛋』时蔬煎蛋

材料 洋葱70克，胡萝卜50克，口蘑20克，鸡蛋2个

调料 盐3克，鸡粉、水淀粉、植物油各适量

制作 ①胡萝卜、口蘑、洋葱分别洗净切粒；鸡蛋打入碗中搅匀。
②水烧开，将口蘑、胡萝卜分别焯水，捞出后和洋葱倒入蛋液中，加盐、鸡粉、水淀粉拌匀。
③油烧热，倒入部分蛋液煎至熟，盛出，然后倒入剩余的蛋液中。
④油烧热，倒入蛋液煎至两面金黄色，盛出，撒上葱花即可。

主食有补充体力、增强体质的作用；配食中，番茄炒肉片可开胃、健脑；时蔬煎蛋能强化记忆力；豆浆能补钙、助排毒；香蕉可帮助消化。

『主食』墨鱼蒸饺

皮料 面团500克

馅料 盐5克，墨鱼300克，味精6克，白糖8克，香油少许

制作 ①墨鱼洗净，剁碎粒，加入所有调味料拌匀成馅。
②将面团揪成大小均匀的剂子，然后擀成饺子皮。
③取20克馅放于饺子皮之上。
④将面皮从三个角向中间收拢。
⑤包成三角形状。
⑥再捏成金鱼形，即可生坯。
⑦入锅蒸8分钟至熟即可。

『汤品』白菜米汤

材料 白菜叶40克

调料 米汤30毫升

制作 ①白菜叶洗净，切段。
②锅中加水，煮沸，放入白菜叶煮约1分钟，用网筛过滤出白菜叶汁。
③将白菜叶汁和米汤混合，搅拌均匀即可。

墨鱼蒸饺味道香浓，能增强体质、预防贫血，是一种开胃的营养早餐；配食中提供了含蛋白质、脂肪、维生素以及矿物质的鱼片卷蒸滑蛋，有补脑、促进身体发育的作用；白菜米汤可促进身体消化；孩子餐后吃点鲜枣有助于健脾益胃。

墨鱼蒸饺套餐

主食	墨鱼蒸饺	水果	鲜枣
配食	鱼片卷蒸滑蛋		
汤品	白菜米汤		

『配食』鱼片卷蒸滑蛋

材料 草鱼肉片200克，鸡蛋120克，净芦笋80克，胡萝卜片50克，枸杞、姜丝各少许

调料 盐、鸡粉各3克，胡椒粉少许，生粉20克

制作 ①鸡蛋液加调料搅匀；鱼片加盐、鸡粉、胡椒粉腌渍后裹上生粉；胡萝卜、净芦笋分别焯水捞出。
②将芦笋用鱼片包紧，制成鱼卷生坯。蛋液放蒸锅蒸至八成熟，放入洗净的枸杞、鱼卷生坯、胡萝卜片、姜丝，蒸至熟透即可。

三鲜水饺套餐

主食	三鲜水饺	鸡蛋	水煮蛋
配食	木耳白菜片	水果	苹果
饮品	豆浆		

『主食』三鲜水饺

皮料 面团300克

馅料 盐、香油各3克，鱿鱼、虾仁、鱼肉各100克，糖6克，味精、胡椒粉、生油各少许

制作 ①将鱿鱼、虾仁、鱼肉均洗净，剁成泥状，加入调味料拌匀成馅。

②将面团揪成大小相等的剂子，擀成饺子皮；取饺子皮，内放20克的馅。

③将面皮对折，封口处捏紧，再将面皮边缘捏成螺旋形，入锅煮熟即可。

『配食』木耳白菜片

材料 黑木耳100克，白菜100克

调料 盐3克，味精1克，醋6克，生抽10克，干辣椒少许

制作 ①黑木耳泡发，撕小朵洗净；白菜洗净，切片；干辣椒洗净，切段。

②锅内注水烧沸，分别放入黑木耳、白菜片焯熟后，捞起沥干装入盘中。

③加入盐、味精、醋、生抽、干辣椒段拌匀即可。

配餐原因

三鲜水饺的馅料主要是由鱼虾制成，口感佳，且富含多种营养成分，如蛋白质，孩子常食能强壮身体、增进智力；配食则提供了可促进消化的木耳白菜片；水煮蛋能补充卵磷脂；豆浆能补充钙元素和植物蛋白；苹果可益智健脑、润肺除烦。

鲜虾水饺套餐

主食	鲜虾水饺	鸡蛋	水煮蛋
配食	椒丝包菜	水果	橙子
饮品	牛奶		

『主食』鲜虾水饺

皮料 面团500克

馅料 虾仁250克，盐、味精、香油各3克，糖5克，胡椒粉、生油、葱花各少许

制作 ①虾仁洗净剁成虾泥。

②剁碎的虾泥内加入所有调味料一起拌匀成馅料。

③将面团揪成大小相等的剂子，擀成饺子皮；取饺子皮，内放20克的馅。

④面皮对折，捏紧封口，再将面皮捏成水饺形，煮熟，撒上葱花即可。

『配食』椒丝包菜

材料 包菜350克，红椒50克

调料 植物油适量，盐3克，鸡精1克，姜20克

制作 ①将包菜洗净，切长条；红椒洗净，切丝；姜去皮，洗净，切丝。

②炒锅注油烧热，放入姜丝煸香，倒入切好的包菜翻炒，再加入红椒丝，翻炒均匀。

③加入少许盐、鸡精，炒匀调味，翻炒至熟后起锅装盘即可。

配餐原因

主食部分有助于补充孩子成长所需的蛋白质和钙元素；配食中的椒丝包菜益开胃，能补充水分和维生素C；水煮蛋有助于增强记忆、保护肝脏；牛奶能补钙、锌，改善脑功能、强筋健骨；橙子可解油腻、降压、增强免疫力。

冬笋水饺套餐

主食	冬笋水饺	水果	木瓜
配食	花生米拌菠菜		
鸡蛋	水煮蛋		

『主食』冬笋水饺

皮料 饺子皮500克

馅料 盐、味精、白糖、香油各适量，肉馅250克，冬笋100克

制作 ①冬笋洗净切粒，焯水捞出。

②冬笋粒与肉馅内加入调料，一起拌匀成馅。

③饺子皮内放20克的肉馅，将其两角向中间折拢成十字形，边缘捏成波浪形。

④将水饺生坯入锅煮熟即可。

『配食』花生米拌菠菜

材料 菠菜300克，花生米50克，红椒少许

调料 盐、味精各3克，香油、植物油各适量

制作 ①菠菜去根洗净，入开水锅中焯水后捞出沥干；花生米洗净；红椒洗净，切粒。

②油锅烧热，下花生米炸熟。

③将菠菜、花生米、红椒粒同拌，调入盐、味精拌匀，淋入香油即可。

冬笋有消食、明目的作用，加上瘦肉能为人体补充优质蛋白质，所以这款饺子适合孩子食用；配食中，花生米拌菠菜可为人体提供维生素C、蛋白质、脂肪，能延缓脑功能衰退、预防肿瘤；水煮蛋能补充卵磷脂、脑磷脂等益脑成分，能改善脑神经系统，增强记忆力；木瓜能改善餐后消化不良的症状。

鲜肉水饺套餐

主食	鲜肉水饺	鸡蛋	茶叶蛋
配食	芝麻炒小白菜	水果	芒果
饮品	豆浆		

『主食』鲜肉水饺

皮料 饺子皮500克

馅料 盐、白糖各3克，味精5克，肉馅250克

制作 ①取适量的肉馅盛入碗内，加入盐、味精、白糖，再用筷子搅拌均匀。

②取饺子皮，内放20克的肉馅，再将面皮对折包好，将包好馅的饺子从两边向中间挤压，直至成饺子形。

③再将饺子下入沸水中煮熟即可。

『配食』芝麻炒小白菜

材料 小白菜500克，白芝麻15克，彩椒丝少许

调料 姜丝10克，盐4克，植物油适量

制作 ①小白菜洗净，焯水；锅置火上，烧热后转小火，炒香芝麻，盛盘。

②锅加油烧热，放姜丝炝锅，再放入小白菜，大火快炒，然后放盐调味，炒至小白菜熟软，放入备好的白芝麻，再翻炒片刻，出锅盛盘，放上彩椒丝即可。

配餐原因

主食中馅料部分是瘦肉馅，不含其他配菜，比较符合多数孩子的口味，其强身、益脑的效果比较好；配食中，芝麻炒小白菜富含水分，可补充维生素；鸡蛋可提高记忆力；豆浆能补充蛋白质；芒果有助于清肠胃、护视力。

鱼肉水饺套餐

主食	鱼肉水饺	水果	荔枝
配食	清炒油菜		
鸡蛋	茶叶蛋		

『主食』鱼肉水饺

皮料 饺子皮150克

馅料 姜、葱各20克，鱼肉75克，盐、料酒各适量

制作 ①鱼肉洗净剁泥；姜、葱分别洗净剁末。

②鱼肉泥加盐、料酒、姜末、葱末，搅拌匀，即可鱼肉酱。将水饺皮取出，包入鱼肉馅，做成木鱼状的生水饺坯。

③锅中加水煮开，放入生水饺，用大火煮至水饺浮起时，加入一小勺冷水，煮至饺子再次浮起即可。

『配食』清炒油菜

材料 油菜350克

调料 蒜蓉20克，盐3克，鸡精1克，植物油适量

制作 ①将备好的油菜用清水冲洗干净，再对半剖开，并控干油菜中的水分，备用。

②锅置火上，加油烧热，放入蒜蓉炒香，倒入油菜滑炒至熟。

③最后加入盐和鸡精炒匀，起锅装入盘中即可。

配餐原因

鱼肉水饺中优质蛋白质含量较丰富，脂肪含量低，还含有多种矿物质成分，易消化，适合孩子食用；配食中，清炒油菜富含维生素C、膳食纤维，能增强免疫力、促进消化；茶叶蛋可强化大脑功能；荔枝能补心安神，有助于提高孩子的学习效率。

韭菜猪肉水饺套餐

主食	韭菜猪肉水饺	水果	香蕉
配食	虾酱空心菜		
蛋类	咸蛋		

『主食』韭菜猪肉水饺

皮料 饺子皮150克

馅料 盐、韭菜末、肉末、香油、姜末、葱末、鲜汤各适量

制作 ①肉末加香油、韭菜末、盐、姜末、葱末、肉末、鲜汤后拌匀。

②将水饺皮取出，包上韭菜肉馅，做成水饺生坯。

③水煮开，放入生水饺，用勺轻推，煮至浮起的饺子微微鼓起成饱满状即可。

『配食』虾酱空心菜

材料 空心菜500克，虾酱5克，红椒丝少量

调料 蒜5瓣，姜、盐、鸡精、植物油各适量

制作 ①空心菜去根、叶，洗净，留梗切段；姜洗净切丝；蒜洗净切粒。

②炒锅上火烧热，放入油，加入蒜粒、姜丝、红椒丝、虾酱炒香。

③放进洗净的空心菜梗，翻炒至熟，调入盐、鸡精，拌匀即可。

配餐原因

韭菜猪肉饺是一款比较符合大众口味的水饺，可为孩子身体生长发育提供所需的蛋白质和维生素C。配食中的虾酱空心菜有助于改善食欲、益智补脑、强身，特别适合孩子食用；咸蛋有助于开胃、清肺火；香蕉有预防便秘的作用。

芹菜猪肉水饺套餐

主食 芹菜猪肉水饺	水果 草莓
配食 韭菜炒鸡蛋	
饮品 豆浆	

『主食』芹菜猪肉水饺

皮料 饺子皮150克

馅料 芹菜、五花肉末各150克，盐2克，姜15克，葱20克，香油少许

制作 ①芹菜、姜、葱分别洗净剁成泥；肉末加香油拌匀。

②芹菜加盐、姜末、葱末、肉末，用筷子拌匀，顺着一个方向搅拌至肉馅上劲。

③将饺子皮取出，包入芹菜馅，将面皮对折，封口处捏紧，再将面皮从两边向中间挤压成水饺形。

④锅中加水煮开，放入生水饺，煮熟即可。

配餐原因

套餐的主食部分富含蛋白质、脂肪、碳水化合物、纤维素等营养成分，是孩子成长需要的优质早餐之一。配食中，韭菜炒鸡蛋能补充多种维生素、卵磷脂，对健脑、强身起到一定食疗功效；豆浆可补钙强身；草莓富含较多的果胶和纤维素，餐后食用能促进胃肠蠕动，利于消化。

『配食』韭菜炒鸡蛋

材料 鸡蛋4个，韭菜150克

调料 盐4克，味精1克，葱花、植物油各适量

制作 ①韭菜洗净，切成碎末备用。

②鸡蛋打入碗中，搅散，加入韭菜末、盐、味精搅匀备用。

③锅置火上，注入油，将备好的鸡蛋液入锅中煎至两面金黄色，盛出撒上葱花即可。

『主食』荞麦蒸饺

皮料 荞麦面400克

馅料 盐、姜末各5克，西葫芦250克，鸡蛋2个，虾仁80克，葱末6克

制作 ①荞麦面加水和成面团，揪成大小相等的剂子擀成饺子皮。

②将虾仁洗净剁碎；鸡蛋打散，搅匀，煎熟，炒碎；西葫芦洗净切丝用盐腌片刻，与虾仁、鸡蛋加入盐、姜、葱拌成馅料。

③再取饺子皮包入适量馅料捏成饺子形，入锅蒸8分钟至熟即可。

『汤品』香菇豆腐汤

材料 水发腐竹150克，豆腐170克，鲜香菇60克

调料 盐、鸡粉各2克，料酒、葱花、胡椒粉、香油、食用油各适量

制作 ①香菇洗净切成片；豆腐、腐竹分别洗净切成小块。

②起油锅，倒入香菇，淋入少许料酒，放入腐竹炒匀，加适量水，煮沸后用小火煮约3分钟。

③下入豆腐，小火煮至食材熟透，调入盐、鸡粉、胡椒粉、香油，盛出，撒上葱花即可。

配餐原因 荞麦蒸饺能补充机体所需的多种营养成分。配食中，西芹能补铁；蒸蛋健脑效果不错；香菇豆腐汤能养胃、益智安神；梨可助消化、润肺。

『配食』葱油西芹

材料 西芹300克，胡萝卜50克

调料 盐2克，醋5克，生抽8克，葱10克，植物油、味精、香油各适量

制作 ①西芹留菜梗洗净，切菱形块，入沸水中焯一下；胡萝卜去皮洗净，切菱形块；葱洗净切段，放入油锅爆香。

②倒入西芹块、胡萝卜块，加入生抽、醋、盐、味精、香油、葱段调拌均匀，即可食用。

玉米鲜虾水饺套餐

主食	玉米鲜虾水饺	鸡蛋	蒸水蛋
配食	爽口芥蓝	水果	苹果
饮品	豆浆		

『主食』玉米鲜虾水饺

皮料 饺子皮200克

馅料 虾仁100克，玉米粒80克，姜末、葱末、盐、味精、胡椒粉、淀粉各适量

制作 ①虾仁洗净后沥干，加盐、味精、胡椒粉、淀粉拌匀腌渍；玉米粒剁碎。

②虾仁加葱末、姜末拌匀，放入玉米粒、盐、味精、胡椒粉搅拌均匀，制成虾仁玉米馅。

③将馅料包入饺子皮中，包成饺子，煮熟即可。

『配食』爽口芥蓝

材料 芥蓝300克，红椒15克

调料 盐、味精、白糖、胡椒粉各3克，醋、香油各15克

制作 ①芥蓝去皮洗净，切片；红椒洗净切片，与芥蓝一同入开水中焯熟，捞出装盘。

②调入白糖、醋、盐、味精、胡椒粉、香油拌匀即可。

配餐原因

玉米鲜虾水饺荤素搭配合理，有助于增强食欲。配食中，芥蓝含有大量的膳食纤维，可促进消化和排泄；蒸蛋含钙元素、蛋白质、磷脂，有健脑的功效；豆浆能补钙、养胃；苹果餐后食用可润肺除烦。

冬菜鸡蛋水饺套餐

主食	冬菜鸡蛋水饺	水果 橙子
配食	马蹄炒肉	
鸡蛋	煎蛋	

『主食』冬菜鸡蛋水饺

皮料 饺子皮30克

馅料 味精3克，盐3克，鸡蛋2个，冬菜碎20克

制作 ①将鸡蛋打散煎成蛋皮，将煎好的蛋皮取出，切成蛋丝。

②将蛋丝、冬菜加味精、盐拌成馅料。

③饺子皮内放20克馅，将面皮对折，封口处捏紧，再将面皮边缘捏成螺旋形。

④将饺子入沸水锅中煮熟即可。

『配食』马蹄炒肉

材料 马蹄200克，猪瘦肉250克，红椒15克

调料 盐3克，味精1克，蚝油4克，植物油、料酒、水淀粉、鸡粉各适量，姜片、蒜末、葱白各少许

制作 ①马蹄去皮洗净，切片焯水；红椒洗净切片；猪瘦肉洗净切片，加鸡粉、盐、味精、水淀粉腌渍入味后，入油锅滑油捞出。

②爆香葱、姜、蒜、红椒，倒入马蹄、猪瘦肉，加盐调味炒匀即可。

配餐原因 冬菜鸡蛋水饺不含肉类，但是口感好，含有益脑的蛋白质、卵磷脂、膳食纤维等成分。配食中，马蹄肉片能为人体提供碳水化合物、蛋白质、脂肪，可强壮机体；煎蛋可补虚；橙子能补充大量维生素C，有助于提高孩子的免疫力。

『配食』黄瓜肉丝

材料 黄瓜丝120克，猪瘦肉80克，彩椒20克

调料 盐2克，鸡粉少许，生抽3克，料酒4克，植物油、水淀粉各适量，蒜末、葱末各少许

制作 ①彩椒洗净，切粗丝；猪瘦肉洗净，切细丝，加盐、鸡粉、水淀粉、食用油，拌匀腌渍。

②用油起锅，倒入肉丝，淋入料酒、生抽，下入葱末、蒜末，翻炒，倒入黄瓜、彩椒，炒至熟透。

③ 转小火，调入盐、鸡粉，炒匀至入味即可。

『主食』鸡肉大白菜水饺

皮料 饺子皮100克

馅料 大白菜100克，鸡胸肉250克，盐3克，白糖8克，生粉少许，葱花5克

制作 ①鸡肉洗净剁蓉；大白菜洗净切碎末；将盐、白糖、生粉与鸡肉、白菜一起拌匀成馅料。

②取饺子皮，内放20克馅料，将面皮从外向里折拢，将饺子的边缘捏紧，再将面皮捏成花边，即可饺子形生坯。

③将饺子入锅煮熟，撒上葱花即可。

『鸡蛋』煎蛋饼

材料 腊肠60克，鸡蛋3个，面粉糊30克

调料 盐2克，鸡粉2克，水淀粉10克，食用油适量，葱花少许

制作 ①鸡蛋打散，调入盐、鸡粉、面粉糊、水淀粉，搅匀；腊肠洗净切丁，入锅炸香捞出。

②锅留油，倒入部分蛋液煎熟，盛出放入原蛋液中，拌匀。

③锅中注油，倒入混合蛋液煎至七成熟，放入腊肠丁、葱花，煎香。

④盛出，切作两半，装盘即可。

主食可为人体提供充足的蛋白质。黄瓜肉丝富含多种氨基酸、维生素；煎蛋饼有助于补脑；豆浆可补钙强身；葡萄能预防感冒。

『主食』酸汤水饺

皮料 面粉200克

馅料 姜1块，葱1根，盐2克，鸡精1克，肉100克

汤料 盐、醋、清汤、红椒丝、香菜段各适量

制作 ①先将葱、姜、肉分别洗净剁成末，放在一起，加入盐、鸡精拌匀成馅料；香菜洗净切碎。

②将面粉加水和匀，擀成饺子皮后，将调好的馅包在饺子皮内制成饺子。

③水烧开，煮熟饺子，加醋、盐、清汤、红椒丝、香菜即可。

『鸡蛋』火腿煎鸡蛋

材料 火腿100克，鸡蛋2个

调料 盐3克，水淀粉10克，鸡粉、食用油各适量，葱花少许

制作 ①火腿切成粒。

②油烧热，倒入火腿粒炸熟。

③鸡蛋打入碗中，加火腿、盐、鸡粉、水淀粉、葱花搅匀。

④锅留油烧热，倒入蛋液煎至两面金黄色。

⑥盛出，切八等分扇形块即可。

配餐原因 主食具有很好的开胃强身之功效。配食中，醋拌西葫芦可补充维生素C；火腿煎鸡蛋有助于健脑，提高抗病能力；芒果有生津消暑、解油腻的功效。

『配食』醋拌西葫芦

材料 西葫芦500克，红尖椒1个，白醋10克

调料 盐4克，味精3克，香油、生抽各10克

制作 ①将西葫芦、红尖椒分别洗净，改刀，分别入沸水中焯熟。

②把调味料和白醋一起放碗中，制成调味汁，均匀淋在西葫芦和红尖椒上即可。

馄饨

萝卜馄饨套餐

主食　萝卜馄饨
配食　莴笋牛肉丝
鸡蛋　水煮蛋
水果　苹果

『主食』萝卜馄饨

皮料 馄饨皮100克

馅料 白萝卜丝250克，猪肉末150克，葱花20克，盐5克，味精4克，白糖10克，香油10克

制作 ①将白萝卜、猪肉末、葱花放入碗中，调入调味料拌匀，包入馄饨皮中，成馄饨生坯。

②锅中注水烧开，放入包好的馄饨，盖上锅盖煮3分钟即可。

『配食』莴笋牛肉丝

材料 莴笋丝200克，牛肉丝150克，红椒丝20克

调料 盐3克，鸡粉3克，蚝油5克，生抽3克，植物油适量，料酒5克，姜片、蒜末、葱白各少许

制作 ①牛肉加盐、鸡粉、生抽腌渍入味。

②爆香葱、姜、蒜，放入牛肉、红椒、莴笋炒香。

③调入料酒、盐、鸡粉、蚝油，炒熟食材即可盛出。

此套餐的主食可改善消化不良的症状。配食中，莴笋牛肉丝能提高食欲，可提供丰富的氨基酸和矿物质；水煮蛋可预防智力衰退；苹果可缓解便秘，孩子可以常食。

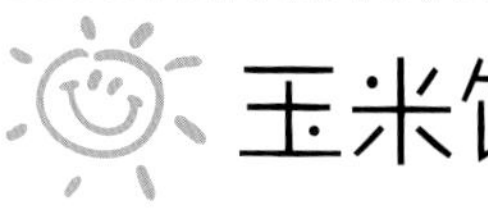

玉米馄饨套餐

主食	玉米馄饨	水果	香蕉
配食	干煸牛肉丝		
鸡蛋	蒸水蛋		

『主食』玉米馄饨

皮料 馄饨皮100克

馅料 盐、味精、白糖、香油各适量，玉米粒250克，猪肉末150克，葱花20克

制作 ①玉米粒洗净，与猪肉末、葱花一起装碗，调入调味料拌匀成馅。

②将馅料放入馄饨皮中央，将馄饨皮两边对折，捏紧边缘，前后折起成鸡冠形状。

③水烧开，放入馄饨焖煮3分钟即可。

『配食』干煸牛肉丝

材料 牛肉丝300克，胡萝卜条、芹菜段各90克

调料 盐、鸡粉、生抽、水淀粉、料酒、豆瓣酱、食粉、植物油各适量，花椒、干辣椒、蒜末各少许

制作 ①胡萝卜条焯水捞出；牛肉加调味料腌渍入味，滑油捞出；干辣椒洗净。

②起油锅，爆香花椒、干辣椒、蒜末，放入剩余食材炒熟，调入调味料炒匀，盛出即可。

配餐原因

此套餐的主食部分偏甜，皮薄馅多水分足，有助于健脑、补充能量。而配食中，干煸牛肉丝可补充充足的氨基酸；蒸蛋能改善记忆力；香蕉有润肠通便之功效，尤为适合孩子餐后食用。

梅菜猪肉馄饨套餐

主食　梅菜猪肉馄饨
配食　菜心炒牛肉
鸡蛋　煎蛋
水果　鲜枣

『主食』梅菜猪肉馄饨

皮料 馄饨皮100克

馅料 盐、味精各4克，白糖18克，猪肉末、梅菜各150克

制作 ①梅菜洗净切碎，与猪肉末一同装碗，调入调味料拌匀。

②将馅料放入馄饨皮中央，将皮从一端向中间卷起至皮的一半处，将两端捏紧。

③水烧开，放入馄饨，煮3分钟即可。

『配食』菜心炒牛肉

材料 菜心200克，牛肉120克

调料 盐、鸡粉各少许，生抽5克，姜片、蒜片、葱段各少许，米酒6克，水淀粉20克，植物油、香油各适量

制作 ①牛肉洗净切片，加盐、鸡粉、生抽、水淀粉腌渍入味；菜心洗净焯水。

②爆香葱、姜、蒜，加入米酒、牛肉，炒熟牛肉，下入菜心炒匀，调入生抽、盐、鸡粉、香油、水淀粉，炒匀即可。

配餐原因

梅菜是一种开胃效果很好的蔬菜，用于这款馄饨中能让馄饨清香爽口，孩子可从这款馄饨中获取蛋白质、膳食纤维等营养成分。此套餐的配食菜心炒牛肉能为孩子补充更充分的蛋白质、维生素、卵磷脂、钙元素等成分，是健脑的上好食材；煎蛋可提高孩子的记忆力；鲜枣能补气养血，对孩子来说可常食。

鸡肉馄饨套餐

主食	鸡肉馄饨	水果	葡萄
配食	豆角炒牛肉		
鸡蛋	水煮蛋		

『主食』鸡肉馄饨

皮料 馄饨皮50克

馅料 鸡胸肉100克，葱花20克，盐、味精、白糖、香油各适量

制作 ①鸡胸肉洗净剁碎，装碗，加葱花、调料拌匀。

②将馅料放入馄饨皮中央，折起四周向中央靠拢，捏紧皮，捏至底部呈圆形。

③水烧开，放入馄饨，煮3分钟即可。

『配食』豆角炒牛肉

材料 牛肉200克，豆角段100克，红椒30克

调料 料酒、白糖、蚝油各3克，植物油、盐、味精、水淀粉、香油各适量，姜丝20克

制作 ①牛肉洗净切片，加调料拌匀腌渍入味，入锅炸至变色，倒入豆角段炸熟；红椒洗净，切丝。

②锅留油，爆香姜丝，倒入牛肉片、豆角段、红椒丝，调入调料，炒熟即可。

配餐原因 主食有补虚强身之功效。配食富含膳食纤维和维生素A，水煮蛋含有蛋白质和卵磷脂，葡萄含糖类、钙、磷、铁等成分。此套餐有益智力、保护视力、抗疲劳之功效。

鸡蛋馄饨套餐

主食	鸡蛋馄饨	水果	芒果
配食	包菜炒羊肉		
饮品	豆浆		

『主食』鸡蛋馄饨

皮料 馄饨皮50克

馅料 韭菜50克，盐4克，鸡蛋1个，味精4克，白糖8克，香油少许

制作 ①韭菜洗净切粒；鸡蛋煎成蛋皮切丝，两者装碗加调料拌匀制成馅。

②馅料放入馄饨皮中央，取一角向对边折起至三角形状，将边缘捏紧即可。

③锅中注水烧开，放入包好的馄饨，盖上锅盖煮3分钟即可。

『配食』包菜炒羊肉

材料 包菜200克，羊肉300克，红椒20克

调料 盐4克，鸡粉2克，料酒、植物油、水淀粉、生抽各适量，姜片、蒜末、葱白各少许

制作 ①包菜、红椒分别洗净切块；羊肉洗净切片，加盐、鸡粉、料酒、水淀粉腌渍入味。

②爆香葱、姜、蒜，倒入羊肉，加料酒、生抽，倒入包菜、红椒炒香，加盐调味即可。

配餐原因

鸡蛋馄饨能补充孩子成长所需的多种营养成分，孩子长期食用有助于促进大脑发育、改善体虚。此套餐的配食中，提供了富含动物蛋白、脂肪、维生素C以及多种矿物质的包菜炒羊肉。此外还搭配了可补钙强身的豆浆，以及糖类、蛋白质、钙、铁含量较多的芒果。整个套餐起到了健脑、补血的功效。

牛肉馄饨套餐

主食	牛肉馄饨	水果	橙子
配食	腰果虾仁		
鸡蛋	水煮蛋		

『主食』牛肉馄饨

皮料 馄饨皮100克

馅料 牛肉200克，葱40克，盐、味精各4克，白糖10克，香油10克

制作 ①葱洗净切葱花；牛肉洗净剁碎，装碗，加入葱花，调入调味料拌匀制成馅。

②馅料放入馄饨皮中央，慢慢折起，使皮四周向中央靠拢，直至看不见馅料，再将馄饨皮捏紧，捏至底部呈圆形。

③水烧开，放入馄饨，煮3分钟即可。

『配食』腰果虾仁

材料 虾仁80克，腰果60克，西芹100克

调料 盐4克，鸡粉、味精各2克，植物油、料酒、水淀粉各适量，姜末、蒜末各少许

制作 ①西芹洗净，切小块；虾仁洗净，腌渍入味；腰果洗净，焯熟待用。

②油烧热，爆香葱、姜、蒜，倒入西芹、虾仁，加调料调味，放入腰果略微拌炒，盛出即可。

配餐原因

牛肉馄饨套餐有非常好的益智健脑之功效，特别适合发育期的孩子食用。配食中，腰果虾仁能提供脑细胞所需的蛋白质、脂肪。水煮蛋有助于强壮身体、改善睡眠。橙子能补充机体所需的水分和维生素C，还可消积食。

羊肉馄饨套餐

主食	羊肉馄饨	水果 梨
配食	青椒炒鸡丝	
鸡蛋	水煮蛋	

『主食』羊肉馄饨

皮料 馄饨皮100克

馅料 羊肉100克，葱50克，食盐3克，味精4克，白糖16克，香油少许

制作 ①葱洗净切葱花；羊肉洗净剁碎，装碗，加入葱花、调味料拌匀制成馅。
②馅料放入馄饨皮中央，折起使皮四周向中央靠拢，捏紧皮，将头部稍微拉长，使底部呈圆形。
③水烧开，放入馄饨煮3分钟即可。

『配食』青椒炒鸡丝

材料 鸡肉丝150克，青椒丝55克，红椒丝25克

调料 盐2克，鸡粉3克，豆瓣酱5克，植物油、料酒、水淀粉各适量，姜丝、蒜末各少许

制作 ①鸡肉丝加调味料腌渍入味。
②爆香姜、蒜，倒入鸡肉丝炒至变色，放入焯过水的青椒、红椒，拌炒匀。
③调入豆瓣酱、盐、鸡粉、料酒炒匀，加入水淀粉勾芡即可。

羊肉馄饨有补虚强身之功效，孩子可经常食用。此套餐配食中，青椒炒鸡丝能提高食欲、补益大脑。水煮蛋有助于保护肝脏、延缓记忆衰退。梨含有多种维生素，对于积食有改善作用。

鲜虾馄饨套餐

主食	鲜虾馄饨	水果	苹果
配食	西蓝花炒鸡片		
鸡蛋	蒸水蛋		

『主食』鲜虾馄饨

皮料 馄饨皮100克

馅料 鲜虾仁200克，韭黄20克，盐、味精、白糖、香油各适量

制作 ①鲜虾仁洗净，剖成两半；韭黄洗净切粒，装碗，加入虾仁、调料拌匀制成馅。

②将馅料放入馄饨皮中央，慢慢折起，向中央靠拢直至看不见馅料，将馄饨皮捏紧，头部稍微拉长，使底部呈圆形。

③水烧开，放入馄饨煮3分钟即可。

『配食』西蓝花炒鸡片

材料 西蓝花200克，鸡胸肉100克，胡萝卜片50克

调料 盐、鸡粉各4克，料酒5克，水淀粉、食用油各适量，姜片、蒜末、葱白各少许

制作 ①西蓝花洗净掰朵，焯熟捞出，装盘；鸡胸肉洗净切片，加调料腌渍入味。

②起油锅，下入胡萝卜片、姜片、蒜末、葱白、鸡肉炒至断生，加料酒、盐、鸡粉、水淀粉，倒入西蓝花炒熟即可。

配餐原因

虾肉是孩子爱吃的食材之一，做成鲜虾馄饨后，口感鲜香十足，还能为人体提供氨基酸、钙元素等。配食中，西蓝花炒鸡片能补充充足的维生素C、氨基酸、脂肪。蒸蛋可改善口味，补充卵磷脂；苹果有助于养心益智，改善消化功能。

虾米馄饨套餐

主食	虾米馄饨	水果	草莓
配食	青豆烧茄子		
蛋类	咸蛋		

『主食』虾米馄饨

皮料 馄饨皮100克

馅料 虾米50克，猪肉馅30克，韭黄25克，盐、香油各4克，味精3克，白糖10克，胡椒粉少许

制作 ①韭黄洗净切粒，与洗净的虾米、猪肉馅一起装碗，加调味料拌匀制成馅。

②馅料放入馄饨皮中，捏紧两端的皮。

③水烧开，放入馄饨煮3分钟即可。

『配食』青豆烧茄子

材料 青豆80克，茄子120克

调料 盐3克，鸡粉2克，生抽6克，蒜末、葱段、植物油各适量

制作 ①茄子洗净，切丁，过油；青豆洗净，焯熟。

②锅中加油，放入蒜末、葱段爆香，倒入青豆、茄子丁快速翻炒。

③加入少许盐、鸡粉炒匀调味，淋入生抽，翻炒至食材熟软即可。

虾米馄饨有补钙、强身的作用，是许多妈妈们必学的早餐之一。此套餐的配食中，青豆烧茄子富含维生素A、B族维生素、脂肪、蛋白质等成分，有开胃、健脑的功效。咸蛋可改善胃口、补充卵磷脂；草莓能抑制肝火旺盛，适合孩子在春季的餐后食用。

鱿鱼馄饨套餐

主食	鱿鱼馄饨	水果	猕猴桃
配食	杭椒炒茄子		
鸡蛋	水煮蛋		

『主食』鱿鱼馄饨

皮料 馄饨皮100克

馅料 去皮马蹄粒20克，去皮鱿鱼肉100克，盐、味精、白糖、香油各适量

制作 ①鱿鱼肉、马蹄粒均洗净剁碎，放入碗中，调入所有的调味料拌匀制成馅。

②将馅料放入馄饨皮中央，慢慢折起，使皮边缘紧靠在一起，将馄饨皮捏紧。

③水烧开，放入馄饨煮3分钟即可。

『配食』杭椒炒茄子

材料 茄子300克，杭椒200克

调料 盐3克，鸡精2克，植物油、酱油、水淀粉各适量

制作 ①茄子去蒂洗净，切条状；杭椒去蒂，洗净备用。

②锅下油烧热，先入杭椒略炒，再放入茄条，炒至五成熟时，加盐、鸡精、酱油调味，待熟，用水淀粉勾芡，装盘即可。

配餐原因

主食富含蛋白质、钙、磷、铁等营养成分，可促进机体生长发育和维持生理功能。配食中，杭椒炒茄子能开胃、明目、强身。水煮蛋可以提供益脑的蛋白质、卵磷脂；猕猴桃能镇定心情，有助于促进孩子身心健康。

包菜馄饨套餐

主食	包菜馄饨	水果	芒果
配食	清炒丝瓜		
鸡蛋	鲜奶蒸蛋		

『主食』包菜馄饨

皮料 馄饨皮100克

馅料 鲜肉馅200克，包菜100克，葱花15克，盐适量

制作 ①包菜洗净切粒，加盐略腌，挤干水分，加盐、肉馅、葱花拌匀制成馅。

②取一馄饨皮，放适量包菜肉馅，再将馄饨皮对折起来，从两端向中间弯拢，捏紧馄饨皮。

③下入包好的馄饨，在沸水中煮熟即可。

『配食』清炒丝瓜

材料 嫩丝瓜300克

调料 盐、味精各3克，植物油适量

制作 ①嫩丝瓜洗净削去表皮，切成块状。

②锅上火，加油烧热，下入丝瓜块炒至熟软。

③加入调味料煮沸后即可。

配餐原因

此套餐的主食部分富含维生素C、蛋白质和碳水化合物，有利于人体对营养成分的消化、吸收。配食中，清炒丝瓜含有膳食纤维、多种维生素，有助于开胃消食、提高免疫力。鲜奶蒸蛋易消化，可为人体补充丰富的蛋白质、钙、铁等成分；芒果餐后食用，有助于提高孩子的消化能力。

冬瓜馄饨套餐

主食	冬瓜馄饨	水果	香蕉
配食	糖醋黄瓜		
鸡蛋	蒸水蛋		

『主食』冬瓜馄饨

皮料 馄饨皮100克

馅料 鲜肉馅150克，冬瓜100克，盐、味精、葱花各适量

制作 ①冬瓜洗净去皮、瓤，剁成粒状，加盐略腌，再加盐、味精，与肉馅、葱花拌匀制成馅。

②取馄饨皮，内放适量冬瓜馅，再将馄饨皮对折起来，从两端向中间弯拢，捏紧馄饨皮。

③下入沸水中，煮约3分钟至熟即可食用。

『配食』糖醋黄瓜

材料 黄瓜2根

调料 米醋、砂糖各50克，盐3克

制作 ①将黄瓜洗净，切段，再改切片，装入碗中，备用。

②黄瓜调入盐，拌匀腌渍至入味。

③将瓜片沥干水分，加入适量砂糖、醋拌匀即可食用。

配餐原因

主食可为孩子身体生长发育提供所需的蛋白质、脂肪、膳食纤维等营养成分。套餐中还提供了富含维生素C和B族维生素的糖醋黄瓜，有开胃、补脑作用的蒸蛋，以及可促排泄的香蕉，能弥补主食的不足，有益孩子的成长。

蒜薹馄饨套餐

主食	蒜薹馄饨	水果	苹果
配食	洋葱炒芦笋		
鸡蛋	水煮蛋		

『主食』蒜薹馄饨

皮料 馄饨皮100克

馅料 鲜肉馅300克，蒜薹500克，盐、味精、油各适量

制作 ①蒜薹洗净去根，切粒，挤干水分，加盐、味精、油与肉馅拌匀制成馅。

②取馄饨皮，内放适量蒜薹馅，再将馄饨皮对折起来，从两端向中间弯拢，捏紧馄饨皮。

③将包好的馄饨下入沸水中煮熟即可。

『配食』洋葱炒芦笋

材料 洋葱150克，芦笋200克

调料 盐3克，味精、植物油各适量

制作 ①芦笋洗净，切成斜段；洋葱洗净切成片。

②锅中加水烧开，下入芦笋段稍焯后捞出沥水。

③锅中加油烧热，下入洋葱爆炒香后，再下入芦笋稍炒，下入调味料炒匀即可盛盘。

蒜薹馄饨有解腥调味的作用，食欲不好的孩子可以选择食用以补充营养成分和能量。在套餐的配食中，洋葱炒芦笋能补充维生素C、烟酸等成分。

水煮蛋口感好，易消化，能补充孩子所需的蛋白质、卵磷脂。苹果可补充水分和锌元素，能健脾益胃、益智。

香葱馄饨套餐

主食	香葱馄饨	水果	香蕉
配食	清炒红薯丝		
鸡蛋	水煮蛋		

『主食』香葱馄饨

皮料 馄饨皮100克

馅料 鲜肉馅600克，香葱50克，盐4克，味精3克

制作 ①香葱洗净，切碎，加入肉馅、盐、味精拌匀制成馅。

②取馄饨皮，中间放入馅料。

③对折，捏紧，再折成花形。

④放入沸水中煮熟即可。

『配食』清炒红薯丝

材料 红薯200克

调料 盐、葱各3克，鸡精2克，植物油适量

制作 ①红薯去皮洗净，切丝备用；葱洗净切花。

②锅中下油烧热，放入红薯丝炒至八成熟时，加盐、鸡精炒匀。

③待熟装盘，撒上葱花即可。

配餐原因

香葱馄饨有补益大脑、促进造血功能的作用，尤其适合孩子食用。配食中，清炒红薯丝能补充纤维素和果胶，有助于促进胃肠蠕动。水煮蛋可以调节口味，补充大脑所需的蛋白质、钙、铁等成分；香蕉能缓解忧郁、促进排泄。

菜肉馄饨套餐

主食	菜肉馄饨	水果	桃子
配食	清炒马蹄		
鸡蛋	茶叶蛋		

『主食』菜肉馄饨

皮料 馄饨皮100克

馅料 油菜120克，猪绞肉300克，姜末、盐、米酒各适量

汤料 豆腐块100克，芹菜、榨菜各10克，高汤、油葱酥、香油各适量

制作 ①油菜洗净切碎，与猪绞肉、姜末、盐、米酒拌匀制成肉馅，包入馄饨皮。
②高汤煮沸，放入馄饨、豆腐块、芹菜、榨菜、油葱酥、香油，稍煮即可。

『配食』清炒马蹄

材料 马蹄100克，枸杞5克

调料 葱丝、盐、白糖、料酒、植物油、酱油、姜丝各适量

制作 ①马蹄去皮，洗净，切片，焯水，捞出沥干；枸杞洗净，待用。
②锅烧热，加入油烧热，下姜丝、葱丝爆香，再下马蹄，炒至断生时加料酒、酱油、盐、白糖调味，炒入味，加入枸杞，起锅装盘即可。

配餐原因

此套餐主食搭配的食材较多，可以充分补充各类营养成分，有利于开胃、健脑，孩子可常食。配食中，清炒马蹄能缓解主食中的油腻感，可为人体提供充足的维生素B_6、维生素C。茶叶蛋可为机体补充所需的蛋白质、卵磷脂等成分；桃子有活血消积、强身健体的作用。

红油馄饨套餐

主食 红油馄饨
配食 蚕豆炒鸡蛋
饮品 豆浆
水果 葡萄

『主食』红油馄饨

皮料 馄饨皮100克

馅料 肉末150克，姜、葱、盐各适量

汤料 辣椒油（红油）适量

制作 ①姜、葱分别洗净切末，与肉末、盐一起拌至黏稠状。

②取肉馅放于馄饨皮中央，将皮对角折叠成三角形，捏紧，馅朝上翻卷，两手将皮向内压紧，逐个包好，放入沸水锅中煮熟，加入红油，撒上葱花即可。

『配食』蚕豆炒鸡蛋

材料 蚕豆200克，鸡蛋3个

调料 盐、水淀粉、鸡粉、葱花、植物油各适量

制作 ①锅中注水烧开，加盐、食用油，倒入去皮洗净的蚕豆煮熟，捞出装盘。

②鸡蛋打入碗中，加盐、鸡粉、水淀粉，用筷子搅匀，倒入葱花拌匀入炒锅煎熟。

③炒锅注油，倒入蚕豆翻炒片刻，倒入鸡蛋，小火炒熟即可。

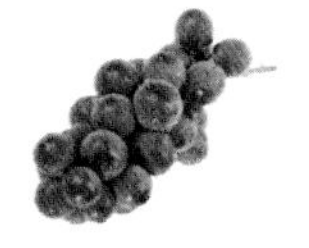

配餐原因 孩子早上食用点红油馄饨可改善食欲、补充能量，同时也能获取成长所需的营养成分。配食中，蚕豆炒鸡蛋富含蛋白质、卵磷脂、锌等成分。豆浆能补钙、清肺；葡萄含多种糖类、维生素和矿物质，能改善疲劳。

韭黄鸡蛋馄饨套餐

主食	韭黄鸡蛋馄饨	水果	苹果
配食	西瓜翠衣炒鸡蛋		
饮品	豆浆		

『主食』韭黄鸡蛋馄饨

皮料 馄饨皮100克

馅料 韭黄150克，鸡蛋2个，盐3克

制作 ①韭黄洗净切末；鸡蛋磕入碗中，加入韭黄末、盐搅拌匀，下入锅中炒散制成馅。

②取1小勺馅放于馄饨皮中央，用手对折捏紧。

③逐个包好，入锅煮熟即可。

『配食』西瓜翠衣炒鸡蛋

材料 西瓜皮200克，芹菜70克，番茄120克，鸡蛋2个

调料 盐、鸡粉各3克，蒜末、葱段、植物油各适量

制作 ①芹菜洗净切段；西瓜皮洗净切条；番茄洗净切瓣；鸡蛋打散，调入盐、鸡粉，入油锅煎熟盛出。

②热锅注油，爆香蒜末，倒入芹菜、番茄、西瓜皮、鸡蛋炒香，调入盐、鸡粉炒匀，撒上葱段即可。

配餐原因

主食中富含蛋白质、脂肪、维生素。配食中，西瓜翠衣炒鸡蛋富含水分、糖类、钙、镁、钾等成分，能改善食欲、利尿除烦。豆浆可调节食欲，还有促进儿童骨骼发育的作用；苹果可补充丰富的锌元素，有益于促进大脑发育。

芹菜牛肉馄饨套餐

主食	芹菜牛肉馄饨	水果	芒果
配食	玉米炒蛋		
饮品	豆浆		

『主食』芹菜牛肉馄饨

皮料 馄饨皮100克

馅料 牛肉、芹菜各100克，姜末、葱末各适量，鲜汤、盐各适量

制作 ①芹菜、牛肉分别洗净切末后，在芹菜、牛肉末中加入盐、姜末、葱末、鲜汤，用筷子按顺时针方向拌匀成黏稠状。②取适量肉馅放于馄饨皮中央，用手对折捏紧，逐个包好，放入沸水锅中，煮至馄饨熟软，盛出即可。

『配食』玉米炒蛋

材料 玉米粒150克，鸡蛋3个，火腿片4片，青豆少许，胡萝卜半根

调料 植物油、盐、水淀粉、葱花各适量

制作 ①火腿片、胡萝卜均洗净切粒；鸡蛋打散，调入盐和水淀粉，入油锅炒熟盛出；青豆、玉米粒分别洗净。②锅留油，炒香玉米粒、胡萝卜粒、青豆和火腿粒，放入鸡蛋块，加盐调味，盛出撒入葱花即可。

配餐原因

主食有助于促进食欲、增强体力，以及补充大脑和组织生长发育所需的多种氨基酸、矿物质等成分。配食中，玉米炒蛋可促进人体对蛋白质、脂肪、卵磷脂等成分的吸收；豆浆有益于增高助长；餐后吃芒果有清肠胃之功效。

『配食』玉米豆腐

材料 玉米粒200克，豆腐150克，豌豆、火腿各50克

调料 盐3克，鸡精2克，酱油、植物油各适量

制作 ①豆腐洗净切丁；火腿洗净切丁；玉米粒、豌豆分别洗净。

②锅下油烧热，放入玉米、豌豆滑炒至八成熟时，放入豆腐、火腿，加盐、鸡精、酱油调味，再加适量清水，炖煮至熟装盘即可。

『主食』鸡蛋猪肉馄饨

皮料 馄饨皮500克

馅料 猪肉50克，鸡蛋1个，葱10克，盐2克

汤料 高汤、葱花、盐、香菜叶各适量

制作 ①将葱洗净切成葱花。

②将猪肉剁成泥，加入盐、鸡蛋做成馅；把盐、葱花、香菜放在碗里做成调味料，加入高汤煮沸。

③把馄饨皮包上肉馅，再用开水煮熟，捞入调味料碗里即可。

『鸡蛋』苦瓜胡萝卜蛋饼

材料 苦瓜100克，胡萝卜60克，鸡蛋2个

调料 盐3克，水淀粉6克，植物油、葱花各适量

制作 ①胡萝卜洗净，切粒；苦瓜洗净，切丁；苦瓜、胡萝卜分别焯水至八成熟。

②鸡蛋打入碗中，打散，放入胡萝卜和苦瓜，加盐，淋入适量水淀粉，撒上葱花，调匀，制成蛋糊。

③煎锅注油烧热，倒入蛋糊，煎成蛋饼，切成小块即可。

主食能健脑强身。配食中，玉米豆腐可补充维生素B_6和烟酸，有助于促进消化和排泄。苦瓜胡萝卜蛋饼可增强食欲；梨能清热润肺，上火者可常食。

『主食』鱼肉雪里蕻馄饨

皮料 馄饨皮100克

馅料 鱼肉250克，雪里蕻100克，盐、味精各3克，白糖18克，香油10克

制作 ①鱼肉洗净剁成末，雪里蕻洗净切碎；将鱼肉、雪里蕻放入碗中，调入盐、味精、白糖、香油拌匀制成馅。

②将馅料放入馄饨皮中央，取一角向对边折起，将边缘捏紧。

③锅中注水烧开，放入包好的馄饨，盖上锅盖煮3分钟即可。

『汤品』芋头汤

材料 芋头300克，红椒、香菜各30克

调料 盐3克，鸡精2克，高汤适量

制作 ①芋头去皮洗净，切丁；红椒去蒂洗净，切丁；香菜洗净，切段。

②将高汤倒入锅中烧开，放入芋头，加盐、鸡精调味，待熟时放入红椒、香菜略煮片刻，装盘即可。

主食能提高食欲、补充能量和营养。配食中，炒蛋白可为人体提供蛋白质和卵磷脂；芋头汤有助于开胃生津、促进消化；橙子能增强免疫力。

鱼肉雪里蕻馄饨套餐

主食	鱼肉雪里蕻馄饨	水果	橙子
配食	炒蛋白		
汤品	芋头汤		

『配食』炒蛋白

材料 鸡蛋2个，火腿30克，虾米25克

调料 盐、水淀粉、料酒、植物油各适量

制作 ①火腿切粒；虾米洗净剁碎；鸡蛋打开，取蛋清，加少许盐、水淀粉，调匀。

②起油锅，倒入虾米，炒出香味。

③下入火腿，炒匀，淋入适量料酒，炒香。

④倒入备好的蛋清，翻炒均匀。

⑤将炒好的菜肴盛出，装入碗中即可。

『配食』爱心蔬菜蛋饼

材料 菠菜30克，土豆丝40克，南瓜丝30克，豌豆20克，鸡蛋110克

调料 盐3克，植物油适量

制作 ①菠菜洗净，切末；锅中注水烧开，分别放入土豆丝、南瓜丝、豌豆、菠菜焯水，捞出。
②鸡蛋打散，放入焯水的食材拌匀，加盐调味。
③锅中注油烧热，放入拌好的蛋液，小火煎成饼状，用锅铲修成“心”形即可。

『主食』酸辣馄饨

皮料 馄饨皮100克

馅料 肉末200克，盐3克

汤料 香菜末3克，盐、辣椒油、醋、姜末、葱末、蒜末、香油、鲜汤各适量

制作 ①将香菜末、姜末、葱末、蒜末、醋、辣椒油、烧开香油、盐混合调成味料，将鲜汤烧开备用。
②将肉末放入碗内，加盐搅拌浓至稠状。
③将馄饨逐个包好。
④净锅烧开水，下入馄饨煮至浮起，捞出盛入有鲜汤的碗中，加入味料拌匀即可。

『汤品』三冬汤

材料 天冬、麦冬各10克，冬瓜300克

调料 盐、鸡粉各2克，食用油适量，葱花少许

制作 ①冬瓜去皮、瓤，洗净切成片，备用。
②水烧开，放入洗净的天冬、麦冬，用小火煮约15分钟。
③放入切好的冬瓜，搅拌匀。
④用小火续煮10分钟，至冬瓜熟软，倒入少许食用油、盐、鸡粉，搅拌均匀，至食材入味。
⑤盛出汤料，撒上葱花即可。

酸辣馄饨有开胃的作用。配食中，爱心蔬菜蛋饼富含蛋白质、卵磷脂、铁元素；三冬汤能养胃、促消化；香蕉有助于止渴去烦、缓解便秘。

『主食』淮园馄饨

皮料 馄饨皮100克

馅料 盐、姜末、葱末、鲜汤、香菜末各适量，五花肉末200克

汤料 鲜汤适量，韭黄、冬笋各30克

制作 ①韭黄洗净切段；冬笋洗净切粒；将盐、姜、葱拌入肉末内，拌匀成馅，并包好馄饨。
②鲜汤烧开，下韭黄段、冬笋粒煮入味，盛入碗中。
③锅加水烧开，放入馄饨煮至熟，盛入汤碗中，放上香菜即可。

『汤品』海带姜汤

材料 海带300克，白芷、夏枯草各8克

调料 盐2克，姜片20克

制作 ①海带洗净切成小块。
②砂锅中注入适量清水烧开，放入备好的海带、姜片。
③加入洗好的白芷、夏枯草，搅拌匀。
④小火煮15分钟，至海带熟透。
⑤放入少许盐，搅拌片刻，至食材入味。
⑥盛出煮好的汤料，装碗即可。

配餐原因 主食荤素搭配合理，利于孩子成长。配食中，莴笋炒蛋皮富含钾元素和卵磷脂；海带姜汤可为人体补充钙元素；苹果在餐后食用，有助于消化。

淮园馄饨套餐

主食	淮园馄饨	水果	苹果
配食	莴笋炒蛋皮		
汤品	海带姜汤		

『配食』莴笋炒蛋皮

材料 莴笋片200克，鸡蛋2个，红椒块15克

调料 植物油、盐、鸡粉、生抽、水淀粉各适量，姜片、蒜末、葱段各少许

制作 ①鸡蛋加盐，搅匀，入油锅煎成蛋皮，盛出，晾凉后把蛋皮切成小块，备用。
②油烧热，爆香姜、蒜，放入莴笋、红椒，加盐、鸡粉、生抽、蛋皮、葱段炒匀，调入水淀粉即可。

干贝馄饨套餐

主食　干贝馄饨
配食　花菜炒蛋
饮品　豆浆
水果　香蕉

『主食』干贝馄饨

皮料 馄饨皮100克

馅料 鲜肉馅500克，干贝50克，姜末10克，葱花15克，盐、黄酒各适量

制作 ①将干贝洗净切粒，加入盐、姜、葱花及黄酒，再与肉馅拌匀。

②取馄饨皮，内放适量干贝馅，再将馄饨皮对折起来。

③从两端向中间弯拢后即可下入沸水中煮熟食用。

『配食』花菜炒蛋

材料 鸡蛋2个，花菜300克

调料 盐4克，鸡粉、料酒、水淀粉、植物油各适量，葱花、蒜末各少许

制作 ①花菜洗净掰朵，焯水；鸡蛋加盐调匀，入油锅煎至成形，盛碗。

②油烧热，爆香蒜末，倒入花菜，调入料酒、盐、鸡粉，倒入鸡蛋，撒入葱花，淋入适量水淀粉，炒匀即可。

配餐原因

馄饨加入了干贝，使得这款主食更加鲜美爽口，并能为人体提供更丰富的蛋白质、碳水化合物、核黄素以及矿物质，对于孩子的大脑和身体成长十分有利。配食中，花菜炒蛋富含多种维生素和卵磷脂；豆浆可促进身体生长发育；香蕉能促进消化，还有益智作用。

清汤馄饨套餐

主食	清汤馄饨	水果	橙子
配食	番茄洋葱炒蛋		
饮品	豆浆		

『主食』清汤馄饨

皮料 馄饨皮100克

馅料 肉末200克，盐、姜末、葱末、各适量

汤料 榨菜20克，紫菜、香菜各少许

制作 ①紫菜泡发；肉末、姜末、葱末、盐倒入碗中，拌成黏稠状。

②取馄饨皮，中央放入肉馅，包好。

③沸水中加紫菜、榨菜煮入味，装碗。

④馄饨煮熟，装入汤碗，加香菜即可。

『配食』番茄洋葱炒蛋

材料 番茄块100克，鸡蛋2个，洋葱块95克

调料 植物油适量，盐3克，鸡粉2克，水淀粉4克，葱花少许

制作 ①鸡蛋液加盐调匀，入油锅煎熟，盛出。

②锅留油，倒入洋葱、番茄，炒熟，放入鸡蛋，调入适量盐、鸡粉炒匀。

③淋入水淀粉勾芡，盛出，撒上葱花即可。

配餐原因

主食中的榨菜有促进食欲的功效，而肉末则能为孩子身体发育提供所需的多种营养成分。配食中，番茄洋葱炒蛋含有蛋白质、卵磷脂、维生素、钙等成分，有助于提神健脑；豆浆有益于促进身体生长发育；橙子能提高免疫力，预防感冒。

上海小馄饨套餐

主食	上海小馄饨	水果	猕猴桃
配食	火腿芦笋		
鸡蛋	蒸水蛋		

『主食』上海小馄饨

皮料 馄饨皮100克

馅料 鸡胸肉150克，虾皮50克，榨菜30克，葱花、盐、味精各适量

汤料 紫菜、香菜段、葱花各适量

制作 ①鸡胸肉洗净，与葱花、洗净虾皮、榨菜、盐、味精拌匀成黏稠状制成馅。

②取出馄饨皮，放适量鸡胸肉馅包好。

③水烧开，下入馄饨煮熟后，捞出盛入有鲜汤的碗中，加入紫菜、香菜、葱花即可。

『配食』火腿芦笋

材料 芦笋200克，熟火腿、口蘑、菜心各100克

调料 葱末、姜末各5克，盐、鸡精、料酒各3克，植物油适量

制作 ①芦笋去根，洗净，切段，焯水；火腿切薄片；口蘑洗净，切片，焯水；菜心洗净对剖，焯水。

②油烧热，爆香姜、葱，放入所有食材，再加盐、鸡精、料酒调味，炒匀即可盛盘。

配餐原因

此套餐的主食十分鲜美，有滋补、开胃的功效，孩子可从中吸收到蛋白质、脂肪、钙、铁、镁等健脑强身成分。此外，配食中的火腿芦笋含有丰富的蛋白质、维生素；蒸蛋能补充卵磷脂以及多种矿物质成分；猕猴桃富含膳食纤维，能促进排泄。

Part 4 面条、粉

搭配出的美味营养早餐

面条和粉有着千变万化的做法和吃法，可以搭配各种各样的素菜类、禽肉类、蛋类、海鲜类等食材。孩子们经常食用这类早餐，不仅有助于开胃消食，还能增强免疫力、益智健脑。本书致力于打造一个属于孩子们的健康早餐膳食指南，因而在本章，妈妈们可以欣赏到集色、香、味、形俱全的多种面条、粉类早餐及其相应的配食方案。在闲暇之际，按照书中所示勤加练习，便能烹饪出一道道令孩子们垂涎三尺的营养早餐。

榨菜肉丝面套餐

主食	榨菜肉丝面	水果	苹果
配食	紫菜凉拌白菜心		
鸡蛋	煎蛋		

『主食』榨菜肉丝面

材料 拉面250克，猪瘦肉40克，榨菜30克

调料 盐2克，味精1克，香菜、葱、姜各少许，牛骨汤200克

制作 ①香菜、葱、姜均洗净切末；猪瘦肉、榨菜均洗净切丝。

②锅置火上，下肉丝滑炒，调入盐、味精，再倒入榨菜炒熟，待用。

③拉面入沸水中煮熟后盛碗，倒入牛骨汤、榨菜肉丝、香菜、葱、姜即可。

『配食』紫菜凉拌白菜心

材料 大白菜200克，水发紫菜70克，熟芝麻10克

调料 盐3克，白糖3克，陈醋5克，香油2克，植物油、鸡粉各适量，蒜末、姜末、葱花各少许

制作 ①大白菜洗净切丝；紫菜洗净；蒜末、姜末入油锅爆香，盛出。

②将大白菜、紫菜分别焯水捞出，装盘。

③倒入姜末、蒜末，加盐、鸡粉、陈醋、白糖、香油，撒上葱花、熟芝麻即可。

配餐原因

主食中含有开胃的榨菜以及优质的瘦肉，使得它十分适合成长期的孩子食用。配食中，紫菜凉拌白菜心不仅能丰富口味，还能为人体提供维生素C、钙、铁等成分；煎蛋能补充卵磷脂、脑磷脂、铁、钙等成分。餐后食用苹果能促进消化。

鲜虾云吞面套餐

主食 鲜虾云吞面	水果 猕猴桃
配食 核桃仁拌芦笋	
鸡蛋 茶叶蛋	

『主食』鲜虾云吞面

材料 鲜虾云吞100克，面条150克，生菜30克，红椒丝少许

调料 葱少许，牛骨汤200克

制作 ①将鲜虾云吞下入开水中煮熟待用；葱洗净切成葱花；生菜洗净，入沸水锅焯水捞出。

②面条下锅煮熟，捞出倒入鲜牛骨汤中。

③面条碗中再加入鲜虾云吞及葱花、生菜、红椒丝即可。

『配食』核桃仁拌芦笋

材料 芦笋100克，核桃仁50克，红椒10克

调料 盐3克，香油适量

制作 ①芦笋洗净，切段；红椒洗净，切片；核桃仁洗净。

②锅入水烧开，分别放入芦笋、红椒焯熟，捞出沥干水分，盛入盘中。

③加盐、香油、核桃仁一起拌匀即可盛盘。

配餐原因

主食中含有面条和鲜虾云吞，可以改善口感，补充动植物蛋白、碳水化合物等益脑成分。配食中，核桃仁拌芦笋清淡爽口，能补充丰富的维生素、蛋白质、脂肪；茶叶蛋能缓解疲劳；猕猴桃有助于促进消化。

炖鸡面套餐

主食	炖鸡面	水果	圣女果
配食	西红柿炒玉米		
鸡蛋	水煮蛋		

『主食』炖鸡面

材料 鸡肉、面条各100克

调料 味精2克，盐3克，葱、姜各10克，胡椒粉4克，香菜适量

制作 ①鸡肉洗净剁块；葱洗净切段；姜洗净切末。

②锅中加清水、鸡块、胡椒粉、味精、盐、姜末，烧开后转小火炖30分钟。

③将面下锅煮熟，盛入碗中，淋上炖好的鸡汤料，撒上葱段、香菜即可。

『配食』西红柿炒玉米

材料 西红柿200克，甜玉米1罐

调料 葱花、盐、白糖、植物油各适量

制作 ①西红柿洗净切小丁；玉米粒取出，沥干水备用。

②锅上火，入油热烧，放入西红柿丁翻炒，加盐、白糖，炒至白糖完全溶化开后倒入甜玉米，翻炒均匀，出锅，撒上葱花即可。

炖鸡面滋补效果好，对于体虚、健忘、脑力不足等症状有一定改善作用。配食中，西红柿炒玉米有助于调理胃肠功能，帮助消化；水煮蛋能为人体补充卵磷脂、卵黄素等成分；圣女果能促进人体的生长发育。

担担面套餐

主食	担担面	水果	芒果
配食	芹菜炒土豆		
蛋类	咸蛋		

『主食』担担面

材料 碱水面120克，猪肉100克

调料 姜、葱、辣椒油、料酒、植物油、盐、味精、甜面酱、上汤、花椒粉各适量

制作 ①猪肉洗净剁成蓉；姜洗净切末；葱洗净切葱花。

②油烧热，放入碎肉炒熟，加除上汤、葱花、面条外的所有用料炒至干香，盛碗。

③将面煮熟，盛入放有上汤的碗内，加入炒好的猪肉，撒上葱花即可。

『配食』芹菜炒土豆

材料 芹菜段、土豆条各200克，猪瘦肉丝100克，红椒条20克

调料 料酒、老抽各10克，蚝油8克，盐3克，水淀粉20克，植物油适量

制作 ①猪瘦肉丝装碗，加料酒腌渍入味，入油锅滑熟，捞出，装盘。

②油锅烧热，放入芹菜、土豆、红椒炒匀。

③倒入肉丝，调入老抽、蚝油、盐、水淀粉炒匀即可。

配餐原因 辣爽的口味使得担担面很受孩子们欢迎，它能提供孩子成长所需的动物蛋白等成分。而配食中，芹菜炒土豆能为人体补充丰富的赖氨酸、色氨酸、钾、锌、铁等成分；咸蛋可促进食欲，补充优质蛋白质、卵磷脂等成分；芒果有清肠胃的作用。

尖椒牛肉面套餐

主食	尖椒牛肉面	水果	橙子
配食	芥菜炒肉丁		
鸡蛋	蒸水蛋		

『主食』尖椒牛肉面

材料 拉面250克，牛肉片40克，青、红椒各40克，葱末少许

调料 盐3克，味精2克，牛骨汤200毫升

制作 ①青、红椒均洗净切菱形片。②炒锅置火上，将青、红椒下锅炒香，倒入牛肉炒匀，加盐、味精，炒至熟。③锅烧开水，拉面放入开水锅中，煮熟后，捞入盛有牛骨汤的碗中，将炒好的牛肉和葱末加入拉面中即可。

『配食』芥菜炒肉丁

材料 芥菜100克，青、红椒各50克，猪瘦肉200克

调料 辣椒酱20克，香油10克，盐、味精各3克，植物油适量

制作 ①芥菜去皮，洗净，切丁；猪瘦肉洗净，切丁；青、红椒均洗净，切成圈。②油锅烧热，下入肉丁爆炒，再加入辣椒酱、芥菜丁和青、红椒煸炒。③待材料均熟时，放入盐、味精拌匀，淋上香油即可。

配餐原因

主食荤素分配均衡，含有维生素C、蛋白质、脂肪等成分，对于促进孩子的身体发育十分有利。配食中，芥菜炒肉丁能提高食欲，可补充蛋白质、维生素A、维生素C；蒸蛋可促进消化，能健脑、补虚；橙子有缓解疲劳的作用，孩子可常食。

牛肉家常面套餐

主食	牛肉家常面	水果	苹果
配食	清炒南瓜丝		
鸡蛋	水煮蛋		

『主食』牛肉家常面

材料 牛肉片100克，面条150克，生菜适量

调料 盐、味精各3克，胡椒粉、牛肉汤各适量

制作 ①生菜洗净。

②锅中加牛肉汤，放入盐、味精、胡椒粉煮沸。

③下入面条煮熟，盛出装碗，放上牛肉片、生菜即可。

『配食』清炒南瓜丝

材料 嫩南瓜350克

调料 蒜10克，盐4克，味精3克，植物油适量

制作 ①将嫩南瓜洗净，切成细丝；蒜去皮洗净，剁成蓉。

②锅中加水烧开，下入南瓜丝焯熟后，捞出。

③锅中加油烧热，下入蒜蓉炒香后，再加入南瓜丝翻炒，调入适量盐、味精，炒匀即可。

配餐原因

主食荤素搭配，可促进食欲。此外，在配食中，清炒南瓜丝有清热解毒之功效，还能改善孩子的营养不良等症状；水煮蛋能强身、改善记忆力；苹果有助于消化。

猪腿笋面套餐

主食	猪腿笋面	水果	香蕉
配食	豆腐丝拌黄瓜		
鸡蛋	蒸水蛋		

『主食』猪腿笋面

材料 自制面条120克，猪腿肉片50克，笋片100克，雪里蕻20克

调料 植物油、盐、味精、高汤、猪油、香油各适量

制作 ①将油烧热，放入雪里蕻、笋片、肉片，炒熟，制成菜料。

②锅内加高汤、盐、味精、猪油煮沸，下入面条煮熟，盛出加菜料、香油即可。

『配食』豆腐丝拌黄瓜

材料 豆腐丝200克，嫩黄瓜200克

调料 姜10克，蒜15克，盐、白糖各3克，香油10克，醋少许，味精2克

制作 ①将豆腐丝切大段，入开水中焯熟，捞出沥水；姜洗净切粒；蒜去皮切粒；黄瓜洗净切丝，装碗，加盐拌匀，沥水后放在豆腐丝上面。

②撒上姜粒、蒜粒，倒入白糖、醋、香油、味精拌匀即可。

主食含有蛋白质、B族维生素等成分，是孩子健脑益智的美味早餐。配食中，豆腐丝拌黄瓜可促进食欲；蒸蛋含有多种氨基酸、卵磷脂、钙、铁等成分，能健脑、改善记忆；香蕉则有很好的促进消化之功效。

虾爆鳝面套餐

主食	虾爆鳝面	水果	草莓
配食	滑蛋牛肉		
饮品	燕麦豆浆		

『主食』虾爆鳝面

材料 面条100克，黄鳝1条，虾仁20克，西红柿适量

调料 植物油适量，盐3克，蒜头粒、葱段各适量

制作 ①黄鳝收拾干净，切段焯水，去骨（鳝骨加水熬成鳝骨汤）切段，入油锅滑油捞出；虾仁洗净汆水；西红柿洗净切条。

②油烧热，爆香蒜头粒、葱段，加盐、鳝骨汤，入黄鳝煮熟后捞出。

③面条煮熟盛出，加上其余食材即可。

『配食』滑蛋牛肉

材料 牛肉100克，鸡蛋2个

调料 盐4克，水淀粉10克，鸡粉、食用油各适量，葱花少许

制作 ①牛肉洗净切薄片，腌渍入味。

②鸡蛋打散，调入盐、鸡粉、水淀粉。

③热锅注油，倒入牛肉滑至变色，捞出，倒入蛋液中，加葱花，搅匀。

④锅底留油，倒入蛋液，煎片刻，快速翻炒至熟透，加盐、鸡粉炒匀即可。

配餐原因

虾爆鳝鱼面能强筋健骨、润肠止血，对于智力发育有促进作用。配食中，滑蛋牛肉含有氨基酸、卵磷脂、甘油三酯、核黄素，能促进神经系统和身体的发育；燕麦豆浆可补虚；草莓可补充胡萝卜素，有明目养肝的功效。

金牌油鸡面套餐

主食	金牌油鸡面	水果	橙子
配食	芹菜木耳炒蛋皮		
饮品	胡萝卜汁		

『主食』金牌油鸡面

材料 蛋面200克，油鸡1只，生菜50克

调料 盐3克，鸡精2克，上汤适量，香油、葱各5克

制作 ①将生菜洗净，焯水；油鸡斩块；葱洗净切成葱花。

②将面、生菜加盐、鸡精、香油煮熟后放入碗内，倒入上汤。

③油鸡入微波炉加热30秒后放在面上，撒上葱花即可。

『配食』芹菜木耳炒蛋皮

材料 芹菜段100克，水发木耳丝150克，红椒丝15克，蛋液80克

调料 盐4克，鸡粉2克，植物油、水淀粉、料酒、姜末、蒜末各适量

制作 ①蛋液煎成蛋皮，切丝；将芹菜、红椒、木耳分别焯水，捞出。

②起油锅，爆香姜片、蒜末，放入芹菜、红椒、木耳、料酒、盐、鸡粉，炒匀。

③放入蛋皮，加入水淀粉炒匀即可。

套餐主食中有富含蛋白质的鸡肉、含纤维素和维生素较多的生菜，孩子可常食。配食中的芹菜木耳炒蛋皮含有的碳水化合物、蛋白质、钙、铁等成分丰富了主食的营养，还可增进食欲；胡萝卜汁有益肝明目、健脾消食的作用；橙子有助于缓解餐后的油腻感。

金牌烧鹅面套餐

主食	金牌烧鹅面	水果	苹果
配食	苦瓜炒蛋		
饮品	豆浆		

『主食』金牌烧鹅面

材料 蛋面200克，烧鹅、生菜各100克

调料 盐3克，鸡精2克，上汤、葱花各适量

制作 ①生菜洗净；烧鹅砍成块备用。

②将面、生菜加盐、鸡精煮熟放在碗内，加入上汤。

③将烧鹅放入微波炉，加热30秒后放在面上，撒上葱花即可。

『配食』苦瓜炒蛋

材料 苦瓜200克，鸡蛋3个，红椒适量

调料 盐3克，香油10克，植物油适量

制作 ①鸡蛋磕入碗中，搅匀；苦瓜、红椒均洗净，切片。

②油锅烧热，倒入鸡蛋液煎熟后盛起；锅内留油烧热，下入苦瓜、红椒翻炒片刻。

③再倒入鸡蛋同炒，调入盐炒匀，淋入香油即可。

配餐原因

烧鹅面融入了鹅肉的营养与味道，有益气补虚、促进脑和机体发育之功效。配食中，苦瓜炒蛋含有蛋白质、苦瓜苷、胡萝卜素、维生素C等成分，有助于减肥、明目、健脑；豆浆有益于孩子智力的发育；苹果能养心除烦。

青蔬油豆腐汤面套餐

主食	青蔬油豆腐汤面	水果	葡萄
配食	茄汁鸡肉丸		
鸡蛋	水煮蛋		

『主食』青蔬油豆腐汤面

材料 全麦拉面88克，小三角油豆腐、豌豆苗各70克，鲜香菇20克，胡萝卜10克

调料 盐适量，味精少许

制作 ①胡萝卜洗净去皮，切小块。

②将油豆腐、洗净切好的鲜香菇放入水中，开大火熬煮成汤头，待水沸后放入全麦拉面。

③待面条煮熟后，加入胡萝卜、洗净的豌豆苗煮至熟，加入盐、味精调味即可。

『配食』茄汁鸡肉丸

材料 鸡胸肉丁200克，马蹄肉末30克

调料 盐、鸡粉各2克，白糖5克，番茄酱35克，水淀粉、植物油各适量

制作 ①将鸡丁放入搅拌机绞成肉末。

②取出装碗，加盐、鸡粉、水淀粉，拌匀，倒入马蹄肉，拌匀，挤成小肉丸。

③油烧热，将小肉丸炸熟，捞出，待用。

④锅留油，放入番茄酱、白糖、肉丸，淋上水淀粉，炒匀，盛出即可。

配餐原因

主食以素食为主，含有植物蛋白、碳水化合物、膳食纤维、维生素C以及多种矿物质，有清肠胃、补虚弱、强筋骨之功效。配食中，茄汁鸡肉丸浓香四溢，大大提高了食欲，可为人体补充丰富的动物蛋白、维生素、卵磷脂、钙元素等成分；水煮蛋可强化记忆力；葡萄可助消化、减肥。

三鲜面套餐

主食 三鲜面	水果 香蕉
配食 腐乳炒滑蛋	
饮品 豆浆	

『主食』三鲜面

材料 火腿2根，黄瓜半根，面200克，香菇4个，肉50克

调料 植物油、葱花、香菜段、盐、胡椒粉、香油、鲜汤各适量

制作 ①香菇洗净；将火腿、洗净的黄瓜切斜片；肉洗净切片；面煮熟装碗，待用。

②油烧热，将肉片炒熟，加入鲜汤、香菇、火腿、黄瓜、盐、胡椒粉、葱花、香油拌匀煮熟，倒入面条上，撒上香菜即可。

『配食』腐乳炒滑蛋

材料 鸡蛋2个，香菜10克

调料 植物油适量，鸡粉2克，香油2克，腐乳8克，水淀粉4克，葱花少许

制作 ①把香菜洗净切成粒。

②将鸡蛋打入碗中，放入鸡粉、香油、腐乳、水淀粉，用筷子打散调匀，备用。

③用油起锅，倒入蛋液，搅拌匀，煎至成形，把炒好的鸡蛋盛出装盘。

④再撒上葱花、香菜粒即可。

配餐原因 三鲜面有鲜、香的特点，可补充蛋白质、维生素C、铁元素，是促进孩子身体健康发育的营养早餐。配食中，腐乳炒滑蛋可开胃、解油腻、促进大脑发育；豆浆可增高、补虚；香蕉可改善睡眠，适合学习压力大的孩子食用。

川味鸡杂面套餐

主食	川味鸡杂面	水果	梨
配食	芹菜肉丝		
蛋类	咸蛋		

『主食』川味鸡杂面

材料 面120克，鸡杂100克，包菜20克

调料 上汤250克，豆瓣酱、植物油、淀粉、酱油、盐、泡红椒、泡姜片、葱花各适量

制作 ①鸡杂洗净切片；泡椒切段；包菜洗净切片。

②鸡杂均匀裹上淀粉，入油锅中爆炒，加入包菜，调入其余调料制成汤料。

③将面条煮熟，捞出盛入装有上汤的碗内，加入制好的汤料，撒上葱花即可。

『配食』芹菜肉丝

材料 芹菜段100克，红椒丝15克，瘦肉丝50克

调料 食用油30克，盐3克，味精、食粉、白糖、蚝油、料酒、水淀粉各适量，姜片、蒜末、葱白各少许

制作 ①肉丝腌渍后入锅滑熟捞出。

②锅留油，放入姜片、蒜末、葱白、红椒、芹菜、肉丝煸炒，加盐、味精、白糖翻炒匀，调入蚝油、料酒、水淀粉，炒匀即可。

配餐原因

通过咀嚼鸡杂，能帮助孩子提高食欲、促进消化，还可补充蛋白质、钙、磷、铁、锌等成分，对孩子的脑发育特别有利。在套餐配食中，芹菜肉丝能补铁、蛋白质和维生素；咸蛋能清肺火、补益大脑；梨子可润喉化痰，适合痰多的孩子餐后食用。

鲜笋面套餐

主食	鲜笋面	水果	橙子
配食	肉末豆角		
鸡蛋	蒸水蛋		

『主食』鲜笋面

材料 魔芋面条200克，茭白、玉米笋各100克，西蓝花30克，大黄、甘草、白芝麻各5克

调料 盐2克，鲍鱼风味酱油5克

制作 ①药材洗净入锅煮沸，滤取药汁；茭白洗净切片，玉米笋洗净切片，西蓝花洗净，掰朵，均焯烫熟。

②面条煮熟捞出，加茭白、玉米笋、西蓝花及剩余调料，倒入煮沸的药汁即可。

『配食』肉末豆角

材料 豆角300克，猪瘦肉、红椒各50克

调料 盐3克，味精1克，姜末、蒜末各10克，植物油适量

制作 ①将豆角择洗干净切碎；猪瘦肉洗净切末；红椒洗净切碎备用。

②锅上火，油烧热，放入肉末炒香，加入红椒碎、姜末、蒜末一起炒出香味。

③放入鲜豆角碎，调入盐、味精，炒熟入味即可出锅。

配餐原因

主食含有蛋白质、碳水化合物、膳食纤维、核黄素、维生素C等成分，能促进大脑发育、预防便秘、增强体质。配食中还提供了开胃效果极佳的肉末豆角，能补虚提神的蒸蛋，以及可改善孩子肤质的橙子。

蛋黄银丝面套餐

主食	蛋黄银丝面	水果	西瓜
配食	蒜薹木耳炒肉丝		
饮品	豆浆		

『主食』蛋黄银丝面

材料 小白菜100克，面条75克，熟鸡蛋1个

调料 盐2克，食用油少许

制作 ①小白菜洗净焯水捞出，切粒；面条切段；熟鸡蛋去壳，切细末。

②水烧开，下入面条、盐、少许食用油煮至面条熟软。

③倒入小白菜，浸入面汤中，煮至食材熟透，盛入碗中，撒上蛋黄末即可。

『配食』蒜薹木耳炒肉丝

材料 蒜薹段300克，猪瘦肉丝200克，彩椒丝50克，水发木耳块40克

调料 盐3克，鸡粉2克，生抽6克，植物油、水淀粉各适量

制作 ①肉丝加盐、鸡粉、生抽腌渍片刻；其余食材均焯水。

②起油锅，倒入肉丝炒散，淋入生抽，倒入焯煮过的材料，炒至熟软。

③加入鸡粉、盐、水淀粉，炒熟即可。

配餐原因

蛋黄银丝面可为孩子提供蛋白质和卵磷脂等营养成分。配食中，蒜薹木耳炒肉丝含有蛋白质、维生素A、铁、磷等成分，能健脑、保护视力、增强体质；豆浆有补虚弱、益智力的功效，适合孩子在早餐饮用；西瓜能生津止渴，常食有助于延缓细胞衰老。

蔬菜面套餐

主食	蔬菜面	水果	草莓
配食	腐竹青豆烧魔芋		
饮品	牛奶		

『主食』蔬菜面

材料 蔬菜面80克，胡萝卜40克，猪后腿肉35克，鸡蛋1个

调料 盐、高汤各适量

制作 ①将猪后腿肉洗净，加盐稍腌，再入开水中烫熟，备用。

②胡萝卜洗净，削皮，切丝，与蔬菜面一起放入高汤中煮熟，再将鸡蛋打入，调入盐后放入猪后腿肉片即可。

『配食』腐竹青豆烧魔芋

材料 水发腐竹段150克，魔芋结200克，青豆180克

调料 盐3克，鸡粉2克，生抽5克，植物油、水淀粉各适量，葱末、姜末、蒜末各少许

制作 ①青豆洗净，焯水捞出；魔芋结洗净，焯水捞出。

②起油锅，爆香葱、姜、蒜，放入青豆、魔芋结、腐竹，调入水、盐、鸡粉、生抽，煮至食材熟透，加适量水淀粉，炒匀即可。

配餐原因

蔬菜面中有蔬菜、肉类、鸡蛋，是孩子补脑、强身的食物来源之一。配食中，腐竹青豆烧魔芋富含蛋白质、卵磷脂、维生素C，有助于改善记忆力和免疫力；牛奶可益智、增高；草莓可促消化、解压。

火腿鸡丝面套餐

主食 火腿鸡丝面
配食 醋香黄豆芽
鸡蛋 水煮蛋
水果 苹果

『主食』火腿鸡丝面

材料 阳春面250克，鸡肉200克，火腿4片，韭菜花200克

调料 植物油、酱油、生粉、柴鱼粉、盐、高汤各适量

制作 ①火腿切丝；韭菜花洗净切段；鸡肉洗净切丝，加酱油、生粉腌渍入味。

②起油锅，放入鸡肉、韭菜花、火腿、柴鱼粉、盐炒匀入味。

③面条入高汤煮熟，加炒好的材料即可。

『配食』醋香黄豆芽

材料 黄豆芽150克，红椒丝40克

调料 盐2克，陈醋4克，植物油、水淀粉、料酒各适量，蒜末、葱段各少许

制作 ①黄豆芽洗净焯水至八成熟，捞出。

②起油锅，爆香蒜末、葱段，倒入黄豆芽、红椒，加适量料酒，炒香。

③放入盐、陈醋，炒匀调味。

④淋入适量水淀粉勾芡，盛出即可。

配餐原因 火腿鸡丝面中蛋白质含量较高，脂肪含量较少，孩子常食有助于补充维生素C和胡萝卜素，增进智力、改善虚弱。配食中，醋香黄豆芽有助提升食欲，补充维生素C、钙、铁等成分，促进大脑和骨髓的生长；水煮蛋是孩子智力和身高发育的“催化剂”；苹果可以调节肠胃功能。

叉烧面套餐

主食　叉烧面　　水果　香蕉
配食　青瓜烧木耳
饮品　豆浆

『主食』叉烧面

材料 面条、叉烧片各200克，鱼板片、青菜段、葱花各适量

调料 香油、酱油各适量，盐、胡椒粉各少许，高汤300毫升

制作 ①将面入锅煮熟；青菜、鱼板分别汆水。

②碗内放入葱花、酱油、盐、高汤，再放入面条、青菜、鱼板，续摆叉烧，加入胡椒粉，淋上香油即可。

『配食』青瓜烧木耳

材料 胡萝卜、黄瓜各90克，鸡蛋2个，水发木耳45克，蒜末少许

调料 植物油适量，盐3克，鸡粉2克

制作 ①木耳洗净撕块；胡萝卜洗净切片；黄瓜洗净切片；鸡蛋取蛋清，煎熟盛出，待用。

②将胡萝卜、木耳、黄瓜分别焯至八成熟。

③热锅注油，爆香蒜末，倒入焯好的食材、熟蛋清，加盐、鸡粉，炒匀即可。

配餐原因

叉烧面是孩子们比较喜爱的一类面食，具有补虚、养血、健脑的作用。配食中，青瓜炒木耳含有维生素C、维生素A，有助于强身、保护视力，增进食欲；豆浆能强身、益智；香蕉能缓解抑郁、促进排泄。

锅烧面套餐

主食	锅烧面	水果	猕猴桃
配食	鸡汁西蓝花		
饮品	豆浆		

『主食』锅烧面

材料 乌龙面250克，五花肉片、虾、鱼板、香菇、鸡蛋、青菜、葱花各适量

调料 酱油、淀粉、盐、高汤、胡椒粉、香油各适量

制作 ①香菇洗净，泡软切丝；鱼板切片汆水；青菜洗净，汆水；虾洗净；鸡蛋煮熟。

②高汤煮开，放乌龙面、肉片、鱼板、虾、香菇丝煮熟，加剩余用料，放入蛋包，撒上葱花即可。

『配食』鸡汁西蓝花

材料 西蓝花300克，莴笋200克，红椒3克，鸡肉片200克

调料 盐3克，鸡汁、植物油各适量

制作 ①西蓝花洗净掰小朵；莴笋去皮洗净切片；红椒去蒂洗净，切片。

②水烧开，加盐，入西蓝花焯水，捞出。

③锅下油烧热，放入鸡肉滑炒片刻，再放入莴笋、红椒一起炒，加盐、鸡汁炒匀，待熟盛在西蓝花上即可。

配餐原因 锅烧面汤汁香浓润口，食材种类多，富有孩子成长所需的蛋白质、卵磷脂、脂肪、膳食纤维等营养成分，是健脑益智、增高助长的上好食材。配食中，鸡汁西蓝花能改善食欲，补充丰富的维生素C；豆浆可调节口感、改善记忆力；猕猴桃能帮助消化。

三鲜烩面套餐

主食	三鲜烩面	水果	圣女果
配食	蔬菜园地		
鸡蛋	蒸水蛋		

『主食』三鲜烩面

材料 面条250克，虾仁200克，海参1条，荷兰豆、葱花、香菇、香菜段各适量

调料 酱油、生粉、盐、高汤、植物油各适量

制作 ①虾仁洗净拌少许生粉；海参、荷兰豆均洗净焯水；面条煮熟捞出；香菇洗净泡好。

②起油锅，放入香菇、葱花、海参拌炒，加虾仁、荷兰豆、高汤、酱油、盐煮开，再加上面条，撒上香菜即可。

『配食』蔬菜园地

材料 西蓝花、花菜各150克，草菇、荷兰豆、洋葱片、番茄各80克

调料 白糖、蚝油、蒜末、植物油各适量

制作 ①把西蓝花、花菜、番茄、草菇分别洗净，切块；荷兰豆洗净去蒂，焯水。

②油烧热，爆香蒜末，放入西蓝花、花菜、草菇、洋葱片、番茄炒至熟。

③放入荷兰豆拌炒，加入白糖、蚝油调味拌匀即可。

配餐原因 主食味道醇香，营养丰富，常食能满足孩子身体快速成长所需的蛋白质、脂肪、维生素C等成分。在套餐中，蔬菜园地能为人体补充丰富的维生素A、维生素C、氨基酸等成分；蒸蛋可健脾助消化；圣女果能促进机体生长发育。

鸡丝菠汁面套餐

主食	鸡丝菠汁面	水果	苹果
配食	芦笋炒百合		
鸡蛋	蒸水蛋		

『主食』鸡丝菠汁面

材料 鸡肉75克，菠汁面150克

调料 植物油适量，盐3克，味精2克，香油少许，胡椒粉1克，上汤400毫升，葱花5克

制作 ①鸡肉洗净，切成丝。

②热锅注油，放入鸡肉丝，调入盐、味精、胡椒粉、上汤煮至入味，盛入碗中。

③锅中水烧开，放入菠汁面，用筷子搅散，煮熟捞出，沥干水分后放入盛有上汤的碗中，淋上香油，撒上葱花即可。

『配食』芦笋炒百合

材料 芦笋段150克，鲜百合60克，红椒片20克

调料 盐、味精、鸡粉各3克，水淀粉10克，植物油、料酒、香油各适量

制作 ①水烧开，倒入芦笋焯水，捞出，沥干；百合洗净。

②起油锅，倒入红椒片、芦笋、百合、料酒、盐、味精、鸡粉，炒匀调味。

③用水淀粉勾芡，淋入香油炒熟即可。

配餐原因

鸡丝菠汁面比较适合体弱、发育慢的孩子食用，常食还可以促进大脑和机体的生长发育。配食中，芦笋炒百合可以补充优质氨基酸、维生素C、膳食纤维，能健胃、补脑、利尿；蒸蛋不仅能强身，还能改善各个年龄段人群的记忆力；苹果则有养心、益智的功效。

香菇西红柿面套餐

主食	香菇西红柿面	水果	草莓
配食	咸蛋肉末蒸娃娃菜		
饮品	豆浆		

『主食』香菇西红柿面

材料 香菇、西红柿各30克，切面100克

调料 盐少许

制作 ①将香菇洗净，切成小丁，放入清水中浸泡5分钟。

②将西红柿洗净，切成小块。

③锅中加水，烧沸，放入香菇、西红柿、切面，煮熟，加盐调味即可。

『配食』咸蛋肉末蒸娃娃菜

材料 熟咸蛋一个，猪肉末150克，娃娃菜300克

调料 盐1克，鸡粉、生抽各2克，植物油、老抽、料酒、水淀粉各适量，蒜末、葱花各少许

制作 ①娃娃菜洗净；咸蛋切碎。

②热油爆香蒜末，放猪肉末翻炒，调入料酒、生抽、老抽、水、盐、鸡粉、水淀粉调味，盛出放在娃娃菜上，再放咸蛋。

③入锅蒸熟，撒上葱花，浇上熟油即可。

配餐原因 主食有养胃、促进食欲之功效，是一款很健康的绿色早餐。配食中，咸蛋肉末蒸娃娃菜能补充丰富的蛋白质、维生素、钙、铁等成分，可强筋壮骨、健脑益智；豆浆能补虚弱；草莓对胃肠道有调理之功效，适宜餐后食用。

什锦菠菜面套餐

主食	什锦菠菜面	水果	梨
配食	芹菜鸭脯肉		
鸡蛋	蒸水蛋		

『主食』什锦菠菜面

材料 菠菜面80克，虾仁、旗鱼、鸡肉各40克，青菜30克，胡萝卜10克

调料 盐1克，酱油2克，奶油4克

制作 ①胡萝卜洗净，去皮切丝；青菜洗净，切小段；鸡肉、旗鱼均洗净，切薄片状；虾仁洗净，沥干备用。

②锅内加水煮沸，放入菠菜面煮熟，再加入所有食材煮熟，加调料调味即可。

『配食』芹菜鸭脯肉

材料 鸭脯肉丝300克，芹菜段80克，红椒丝15克

调料 盐4克，鸡粉2克，料酒、生抽、植物油、老抽、白糖、水淀粉各适量，葱白、姜片、蒜末各少许

制作 ①将鸭肉装碗，加调味料腌渍。

②起油锅，倒入鸭肉炒至变色，倒入姜片、蒜末、葱白、料酒、老抽炒匀。

③倒入芹菜、红椒，加盐、鸡粉、白糖、生抽炒入味，用水淀粉勾芡即可。

配餐原因 此套餐的主食中含有较多的蛋白质、钙、胡萝卜素、维生素等成分，有助于增进食欲、强筋健骨、健脑益智。配食中，芹菜鸭脯肉能提高人体对钙元素和铁元素的吸收；蒸蛋可调节口感，促进消化；梨有润肺、降火的作用，适合孩子食用。

西红柿猪肝菠菜面套餐

主食	西红柿猪肝菠菜面	水果	橙子
配食	泥蒿炒腊肠		
鸡蛋	水煮蛋		

『主食』西红柿猪肝菠菜面

材料 鸡蛋面120克，西红柿1个，菠菜25克，猪肝60克

调料 盐4克，胡椒粉3克，植物油适量

制作 ①猪肝洗净切成小片；菠菜洗净；西红柿洗净切成小片。

②热锅注油，炒熟猪肝、菠菜，盛出。

③锅加水烧开，下入面条煮熟，倒入猪肝、菠菜、西红柿煮入味，调入调味料即可。

『配食』泥蒿炒腊肠

材料 泥蒿100克，腊肠80克

调料 植物油适量，料酒5克，盐、味精各2克，水淀粉、姜片、蒜末、葱段各少许

制作 ①腊肠洗净，切斜片；泥蒿洗净，切成段。

②起油锅，爆香葱、姜、蒜，倒入腊肠炒出油，倒入泥蒿炒至断生，调入料酒、盐、味精、熟油，用水淀粉勾芡，即可。

配餐原因

此套餐的主食中，西红柿可补充多种维生素，菠菜和猪肝有补铁的作用。配食中，泥蒿炒腊肠能改善食欲，补充孩子成长所需的多种氨基酸、维生素C；水煮蛋可以补虚、增强记忆力；橙子能够促进通便。

卤猪肝龙须面套餐

主食	卤猪肝龙须面	水果	鲜枣
配食	腊味荷兰豆		
鸡蛋	蒸水蛋		

『主食』卤猪肝龙须面

材料 卤猪肝片200克，龙须面100克

调料 盐4克，鸡精5克，葱花适量，香油8克，胡椒粉2克，上汤400毫升，花椒八角油少许

制作 ①上汤煮开，调入盐、鸡精、胡椒粉、花椒八角油调味，盛入碗中。

②水烧开，放入龙须面，煮熟后捞出沥干水分，放入盛有上汤的碗中。

③放上葱花、卤猪肝，淋上香油即可。

『配食』腊味荷兰豆

材料 荷兰豆200克，胡萝卜25克，腊肉100克

调料 盐3克，生抽、香油各10克，植物油适量

制作 ①荷兰豆洗净，撕去荚丝，焯至断生；胡萝卜洗净，切片；腊肉洗净，切片。

②油锅烧热，下腊肉爆香，放荷兰豆、胡萝卜炒熟。

③加入盐、生抽、香油调味，翻炒均匀，盛盘即可。

主食中含有丰富的维生素A、铁元素，能起到预防贫血、维护视力的作用，很适合视力下降的孩子食用。配食中，补充了清脆嫩鲜的荷兰豆，可改善食欲；蒸蛋能补充丰富的蛋白质；鲜枣能改善腊肉带来的油腻感。

香葱牛肚龙须面套餐

主食	香葱牛肚龙须面	水果	草莓
配食	鲜虾芙蓉蛋		
饮品	豆浆		

『主食』香葱牛肚龙须面

材料 熟牛肚150克，龙须面100克

调料 盐4克，鸡精3克，胡椒粉2克，上汤400毫升，香油10克，葱花20克，香菜叶适量

制作 ①牛肚切成块。

②上汤煮开，调入盐、鸡精、胡椒粉。

③水烧开，放入龙须面煮开，捞出沥水。

④放入盛有上汤的碗中，撒上葱花，摆上牛肚，淋入香油，撒上香菜叶即可。

『配食』鲜虾芙蓉蛋

材料 鸡蛋2个，虾仁60克

调料 盐、鸡粉各2克，水淀粉适量，葱花少许

制作 ①虾仁收拾干净，加盐、鸡粉、水淀粉、食用油腌渍入味；鸡蛋打散，加盐、鸡粉、水调成蛋液，装入蒸盘。

②将蛋液放入烧热的蒸锅中，小火蒸5分钟，放入虾仁，蒸至材料熟透。

③取出，撒上葱花即可。

配餐原因

香葱牛肚龙须面是一道以提高食欲、补虚、益脾胃的面食。配食中，鲜虾芙蓉蛋补充了主食中相对缺乏的蛋白质、碳水化合物、维生素C、膳食纤维、钙、磷、铁等成分；豆浆可强身；草莓可预防孩子视力下降。

卤猪蹄龙须面套餐

主食　卤猪蹄龙须面
配食　西红柿彩椒
鸡蛋　水煮蛋
水果　猕猴桃

『主食』卤猪蹄龙须面

材料 卤猪蹄200克，龙须面100克

调料 盐4克，鸡精、胡椒粉各2克，上汤400毫升，香油10克，葱花20克

制作 ①猪蹄改刀；上汤煮开，调入盐、鸡精、胡椒粉，盛入碗中。
②水烧开，放入龙须面煮开，将面条搅散，捞出沥水，放入盛有上汤的碗中。
③放上葱花、猪蹄，淋上香油即可。

『配食』西红柿彩椒

材料 西红柿2个，红、绿甜椒各1个，紫甘蓝100克，豌豆适量

调料 白糖、醋、香油各10克，盐3克，鸡精、植物油各适量

制作 ①西红柿洗净，切成块；甜椒、紫甘蓝分别洗净，切丝；豌豆洗净，放入沸水中焯约3分钟。
②锅加油，放入所有原材料炒熟，调入所有调味料炒匀即可。

主食能补充较多的胶原蛋白、脂肪和碳水化合物，有助于促进孩子大脑发育。配食中，西红柿彩椒是孩子身体成长所需维生素C的极好来源；水煮蛋最大程度地保存了蛋白质、卵磷脂等营养成分；猕猴桃富含维生素C，可增强孩子的免疫能力。

上汤鸡丝蛋面套餐

主食	上汤鸡丝蛋面	水果	火龙果
配食	四季豆炒冬瓜		
鸡蛋	水煮蛋		

『主食』上汤鸡丝蛋面

材料 鸡肉75克，蛋面150克

调料 盐3克，味精2克，香油少许，胡椒粉1克，上汤400毫升，香菜叶、植物油各适量

制作 ①鸡肉洗净，切成丝。

②热锅注油，放入鸡肉丝，调入盐、味精、胡椒粉、上汤煮入味，捞出装碗。

③蛋面入沸水锅煮熟，捞出放入盛有上汤的碗中，放上鸡肉丝，撒上香菜叶，淋上香油即可。

『配食』四季豆炒冬瓜

材料 冬瓜、四季豆各200克，红椒10克

调料 盐、白芝麻、蒜各3克，植物油、酱油、醋各适量

制作 ①冬瓜去皮、籽，洗净，切条；四季豆去头尾洗净，切段，焯水；红椒去蒂洗净，切丝；蒜去皮拍碎；白芝麻洗净。

②热锅注油，爆香蒜、白芝麻，放入四季豆、冬瓜炒片刻，调入盐、酱油、醋、红椒炒入味，装盘即可。

配餐原因

主食能满足孩子对肉类和蔬菜的需求，还可补充机体活动所需的能量。配食中，四季豆炒冬瓜能提升套餐的开胃功效，可补充孩子身体所需的优质蛋白质、钙、磷、铁等成分；水煮蛋是强身健体的美味；火龙果能促进排泄。

西红柿鸡蛋面套餐

主食　西红柿鸡蛋面
配食　百合鸡肉炒荔枝
饮品　豆浆
水果　菠萝

『主食』西红柿鸡蛋面

材料 拉面250克，西红柿40克，鸡蛋1个

调料 植物油适量，盐3克，味精2克，牛骨汤200毫升，葱花少许

制作 ①西红柿洗净切丁；鸡蛋打入碗中，加少许盐、味精搅拌匀；牛骨汤煮沸。
②炒锅置火上，将鸡蛋下锅滑炒，再倒入西红柿，加入盐、味精翻炒至熟。
③拉面煮熟，装入盛有牛骨汤的碗中，倒入炒熟的食材，撒上葱花即可。

『配食』百合鸡肉炒荔枝

材料 鲜百合70克，荔枝肉150克，鸡胸肉150克，红椒块15克

调料 盐4克，鸡粉3克，植物油、料酒、水淀粉各适量，葱白、姜片、蒜末各少许

制作 ①荔枝肉撕成瓣；鸡胸肉洗净切片，腌渍入味；百合、红椒均洗净，焯水。
②起油锅，爆香姜片、蒜末、葱白，放入鸡肉、料酒、百合、荔枝和红椒炒熟，加盐、鸡粉、水淀粉调味即可。

主食含有丰富的维生素C、蛋白质，可提升食欲，对于孩子大脑发育特别有利。配食中，百合鸡肉炒荔枝能很好地提高食欲，补充孩子身体成长所需的各种营养成分；豆浆有增高助长、强壮身体的作用，尤其适合成长期的孩子饮用；菠萝餐后食用有助于清理肠胃。

上汤鸡丝冷面套餐

主食	上汤鸡丝冷面	水果	樱桃
配食	干贝芙蓉蛋		
饮品	牛奶		

『主食』上汤鸡丝冷面

材料 鸡肉75克，韭黄50克，冷面150克

调料 盐3克，味精2克，香油少许，胡椒粉1克，生粉10克，上汤400毫升，植物油适量

制作 ①鸡肉洗净切成片；韭黄洗净切成段。

②油烧热，放入鸡肉，加盐、味精、胡椒粉、上汤、韭黄，调入生粉煮沸捞出。

③水烧开，放冷面煮熟捞出，放入盛汤的碗中淋上香油即可。

『配食』干贝芙蓉蛋

材料 鸡蛋2个，南瓜片50克，彩椒丁75克，干贝20克

调料 盐3克，鸡粉、香油各少许

制作 ①将干贝洗净压碎；鸡蛋取蛋清，加盐、鸡粉、香油、清水调匀。

②锅中注水烧开，加少许盐，分别倒入南瓜、彩椒，煮1分钟，捞出食材，沥水待用。

③将蛋清放入蒸锅中，小火蒸8分钟，放上彩椒、南瓜、干贝，大火蒸熟即可。

配餐原因 主食富含蛋白质、维生素C、膳食纤维，能起到益智健脑、促进排泄、增强免疫力的作用。配食中，干贝芙蓉蛋能改善记忆力；牛奶有增高助长的功效；樱桃能够调节口感，预防孩子贫血。

炸酱刀削面套餐

主食	炸酱刀削面	水果	苹果
配食	豆皮牛肉丸		
鸡蛋	蒸水蛋		

『主食』炸酱刀削面

材料 猪肉、刀削面各100克，香菜末少许

调料 甜面酱、干黄酱、植物油各适量，花椒粉、胡椒粉、盐、味精各2克，牛肉汤50毫升

制作 ①猪肉洗净剁成肉末。

②油下锅，当油温达至180℃时，放入干黄酱、甜面酱炒出味，再放肉末炒熟，加花椒粉、胡椒粉、盐、味精，制成炸酱。

③刀削面煮熟捞出沥水，加炸酱和煮开的牛肉汤，撒上香菜末即可。

『配食』豆皮牛肉丸

材料 牛肉丸300克，豆腐皮200克，干辣椒5克

调料 植物油、料酒、鸡粉、蚝油、盐、辣椒酱、水淀粉各适量，姜片、蒜末、葱白各少许

制作 ①牛肉丸切花刀，滑油；豆腐皮洗净切丝，焯水；干辣椒洗净切段。

②油烧热，炒香葱、姜、蒜和干辣椒，加料酒，放入豆腐皮和牛肉丸，加鸡粉、蚝油、盐、辣椒酱、水淀粉炒透即可。

配餐原因

炸酱刀削面口感好，易消化，有助于帮助孩子补充蛋白质、脂肪等成分。豆皮牛肉丸含有丰富的优质肌氨酸、维生素B_6，能促进孩子肌肉的生长；蒸蛋能促进消化、改善记忆力、增强体质，是生长发育期孩子的优质营养源；苹果有减肥、促进消化之功效。

真味招牌拉面套餐

主食	真味招牌拉面	水果	香蕉
配食	香油蒜片黄瓜		
蛋类	咸蛋		

『主食』真味招牌拉面

材料 拉面、熟牛肉丁、白萝卜、香菜末、圣女果各适量

调料 盐2克，味精3克，辣椒油20克，牛骨汤500毫升

制作 ①圣女果洗净切半；白萝卜洗净切成片，下入沸水锅中焯熟捞出。

②将拉面煮熟后捞出，倒入煮开的牛骨汤，加入盐、味精，放上备好的材料，淋上辣椒油即可。

『配食』香油蒜片黄瓜

材料 大蒜80克，黄瓜150克

调料 盐、香油各适量

制作 ①大蒜、黄瓜分别洗净切片。

②将大蒜片和黄瓜片放入沸水中焯熟，捞出待用。

③将大蒜片、黄瓜片装入盘中，再将适量盐和香油淋在大蒜片、黄瓜片上搅拌均匀即可。

配餐原因

牛肉丁的口感比较好，所以这款主食有增进食欲的作用，并且易消化吸收。配食中的香油蒜片黄瓜有提高免疫力、清热利尿的功效；咸蛋是一种开胃、健脑的食材；香蕉能够促进消化。

家常杂酱面套餐

主食	家常杂酱面	鸡蛋	蒸水蛋
配食	醋熘藕片	水果	芒果
饮品	豆浆		

『主食』家常杂酱面

材料 碱水面、猪瘦肉各200克，红椒丝少量

调料 盐3克，味精2克，葱花适量，白糖4克，甜面酱20克，辣椒油10克

制作 ①将猪瘦肉洗净剁碎，加甜面酱炒香至金黄色，盛碗备用。

②除葱花外的调料加入碗中拌成杂酱。

③面下锅煮熟，盛入碗中，淋上杂酱，放上红椒丝，撒上葱花即可。

『配食』醋熘藕片

材料 嫩莲藕1节

调料 酱油10克，醋15克，盐4克，水淀粉5克，花椒油20克，植物油、清汤各适量，葱8克，姜10克

制作 ①藕洗净，切片，入开水锅中略烫，捞出；葱、姜分别洗净切末。

②炒锅注油烧至温热，先下葱末、姜末炝锅，再烹入醋、酱油、盐和清汤，放入藕片炒至入味，用水淀粉勾芡，淋入花椒油，翻炒均匀即可。

主食制作简单，能补充大脑和身体发育所需的蛋白质和淀粉。配食中，醋熘藕片能提高孩子的食欲，补充维生素C和铁元素；蒸蛋可提升人体对蛋白质、卵磷脂的吸收率；豆浆能预防小儿缺钙；芒果有清肠胃之功效。

意大利肉酱面套餐

主食	意大利肉酱面	水果	猕猴桃
配食	虾仁炒蛋		
饮品	豆浆		

『主食』意大利肉酱面

材料 意大利面、牛肉末、猪肉末、洋葱末、西芹末、洋菇片各适量

调料 植物油、番茄酱、酱油、白糖、蒜末、生粉、盐、胡椒粉各适量

制作 ①起油锅，炒香蒜末、猪肉、洋葱、洋菇、西芹，倒入牛肉炒散，加入除面以外的剩余用料拌匀成面酱。
②将意大利面煮熟装盘，淋上面酱即可。

『配食』虾仁炒蛋

材料 虾仁60克，鸡蛋2个，西红柿片少许

调料 盐3克，鸡粉2克，植物油、水淀粉各适量

制作 ①虾仁洗净，加盐、鸡粉、水淀粉、植物油腌渍入味，汆水，捞出。
②热锅注油，倒入虾仁滑油，捞出装盘。
③鸡蛋打入碗中，调入盐、鸡粉，入锅翻炒，再加入虾仁，炒熟装盘，用西红柿片摆盘即可。

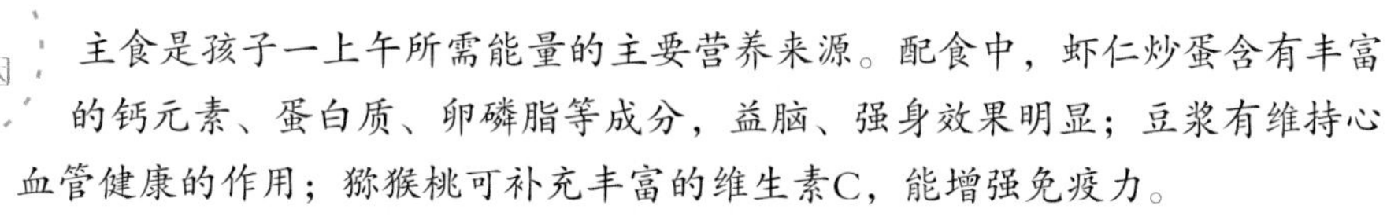

配餐原因

主食是孩子一上午所需能量的主要营养来源。配食中，虾仁炒蛋含有丰富的钙元素、蛋白质、卵磷脂等成分，益脑、强身效果明显；豆浆有维持心血管健康的作用；猕猴桃可补充丰富的维生素C，能增强免疫力。

『配食』虾仁炒菜心

材料 菜心400克，虾仁100克

调料 蒜片、水淀粉、料酒、盐、鸡精、植物油各适量

制作 ①将菜心洗净，切段；虾仁洗净，用料酒腌渍入味。

②炒锅注油烧热，放入大蒜爆香，加入虾仁翻炒至七成熟，再倒入菜心翻炒至熟。

③加入少许料酒、盐、鸡精快速翻炒，最后用水淀粉勾芡，起锅装盘即可。

『主食』鸡丝凉面

材料 碱水面100克，鸡肉100克，黄瓜50克

调料 辣椒油20克，芝麻酱12克，醋10克，盐3克，糖8克，味精、花椒粉、酱油各5克，葱15克

制作 ①将鸡肉洗净煮熟后，切成丝；黄瓜洗净切丝；葱洗净切成葱花。

②面下开水中煮熟，过水沥干。

③面条盛入碗中，加入鸡肉、黄瓜丝及其余用料，撒上葱花，拌匀即可。

『汤品』木瓜草鱼汤

材料 草鱼肉300克，木瓜230克

调料 盐3克，鸡粉3克，水淀粉6克，植物油、胡椒粉各适量，姜片、葱花各少许

制作 ①木瓜去皮、瓤，洗净，切片；草鱼肉收拾干净切片，加调料拌匀腌渍入味。

②起油锅，倒入姜片、木瓜炒匀，倒入适量清水煮沸。

③调入盐、鸡粉、胡椒粉，搅拌均匀，倒入鱼片煮沸。

④用水淀粉勾芡，撒入葱花即可。

主食能提高孩子的食欲，补充蛋白质和维生素C。配食中，虾仁炒菜心能补充丰富的钙元素、膳食纤维；水煮蛋提供了全面的氨基酸、核黄素、卵磷脂等成分；木瓜草鱼汤能养胃、健脑；香蕉可促消化。

牛肉凉面套餐

主食 牛肉凉面	鸡蛋 水煮蛋
配食 蒜香油菜	水果 橙子
饮品 豆浆	

『主食』牛肉凉面

材料 手工拉面250克，熟牛肉50克，西红柿1个，黄瓜1根

调料 盐、芝麻酱、香油、辣椒油、红醋各适量，香菜段、青菜叶各少许

制作 ①热锅注水，大火烧沸，下入手工拉面煮至熟软，捞出装盘。

②西红柿洗净切成片；黄瓜洗净切成丝；熟牛肉切成片，待用。

③将盐、香油、辣椒油、红醋、芝麻酱调好，浇入面盘中，摆上牛肉片、西红柿片、黄瓜丝、香菜、青菜叶即可。

牛肉凉面含丰富的蛋白质、维生素C，有益智健脑、强身健体的功效。配食中，蒜香油菜有助于提升食欲，保护孩子的视力；水煮蛋有增强记忆力的作用；豆浆有补钙强身的功效；橙子能增强孩子的抵抗力。

『配食』蒜香油菜

材料 油菜350克，大蒜片30克

调料 蚝油15克，盐3克，鸡精1克，植物油适量

制作 ①将油菜洗净，对半剖开，沥干水分待用。

②炒锅注油烧热，放入大蒜爆香，再倒入油菜翻炒至熟。

③加入盐、鸡精和蚝油，起锅装盘即可。

西芹炒蛋面套餐

主食	西芹炒蛋面	水果　草莓
配食	葱油韭菜豆腐干	
汤品	百合银耳汤	

「配食」葱油韭菜豆腐干

材料 韭菜400克，豆腐干200克，葱花10克

调料 盐4克，鸡精2克，植物油、老抽、香油各少许

制作 ①将韭菜洗净，切段；豆腐干洗净，切成细条。

②炒锅加油烧至七成热，下入豆腐干翻炒，再倒入韭菜同炒至微软。

③加葱花、盐、鸡精、老抽和香油一起炒熟即可。

「主食」西芹炒蛋面

材料 蛋面200克，西芹50克，三明治1块，鸡蛋1个

调料 盐、老抽各5克，鸡精2克，蚝油10克

制作 ①将西芹洗净切丝；三明治切丝；鸡蛋打散入锅中煎熟后，切成丝。

②蛋面煮熟后，入烧热的锅中炒开。

③倒入三丝，加入盐、鸡精、蚝油、老抽炒至有香味即可。

「汤品」百合银耳汤

材料 水发银耳180克，鲜百合50克

调料 冰糖25克

制作 ①银耳洗净，撕小块，备用。

②水烧开，倒入银耳，放入洗净的百合，小火炖煮20分钟至食材熟透。

③倒入适量冰糖，煮至其溶化。

④盛出，装入碗中，即可食用。

此炒面是比较能引起食欲的一种美食，孩子可以从中获取蛋白质、维生素C、铁等成分。葱油韭菜豆腐干能补充大脑所需的脂肪、碳水化合物；百合银耳汤能提高肝脏的解毒能力；草莓能帮助消化。

『主食』肉丝炒面

材料 面条200克，猪瘦肉30克，榨菜25克

调料 植物油、生抽、老抽、盐、味精、蒜、葱、红椒各适量

制作 ①猪瘦肉洗净，切丝；蒜去皮洗净切片；葱洗净切长段；红椒洗净切丝；榨菜洗净焯水。

②面条下锅煮熟，捞出盛盘。

③锅中加油烧热，放瘦肉、椒丝、蒜片、葱段炒熟，再下榨菜，加剩余调料炒匀，起锅盛于面条上，吃时拌匀即可。

『汤品』冬瓜虾米汤

材料 冬瓜400克，虾米40克

调料 盐2克，鸡粉3克，胡椒粉、植物油、料酒各适量，姜片、葱花各少许

制作 ①冬瓜去皮、瓤，洗净，切条。

②起油锅，炒香姜片、洗净的虾米，淋入料酒，加入清水煮沸。

③放入冬瓜，用大火煮至熟透。

④调入调味料，撒上葱花即可。

肉丝炒面能够补充大脑和机体所需的能量，同时还能补充多种营养物质。配食中，玉米笋炒芹菜能健脾开胃；水煮蛋可以补充主食中缺乏的核黄素、卵磷脂等成分；冬瓜虾米汤能养心润肺；苹果有益智、促消化的作用。

『配食』玉米笋炒芹菜

材料 芹菜250克，玉米笋100克，红辣椒条10克

调料 姜丝、蒜丝各10克，味精、生粉各5克，鸡精2克，盐3克，植物油适量

制作 ①玉米笋洗净，从中间剖开一分为二；芹菜洗净，切成与玉米笋长短一致的段。

②将两者一起下入沸水锅中焯水，捞出，沥干水分。

③炒锅上火，下油爆香姜、蒜、辣椒，再倒入玉米笋、芹菜炒匀，待熟时，下入调味料调味即可。

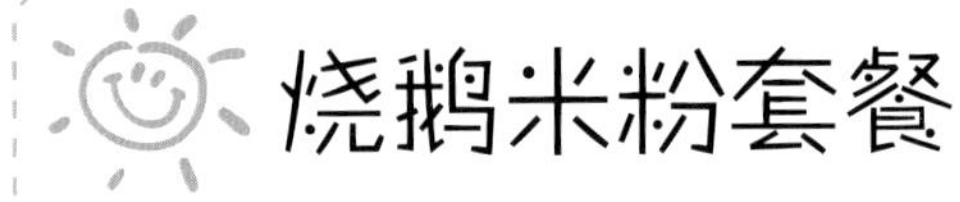

烧鹅米粉套餐

主食	烧鹅米粉	水果	香蕉
配食	四季豆炒鸡蛋		
饮品	牛奶		

『主食』烧鹅米粉

材料 米粉250克，烧鹅120克，菜心150克，筒骨汤300毫升

调料 盐、姜、葱各3克

制作 ①姜、葱均洗净，切碎待用；菜心洗净。

②锅加水烧开，放入米粉，煮熟后捞出过冷水。

③筒骨汤入锅加热，下入米粉，放上烧鹅、菜心、姜、葱稍煮，调入盐即可。

『配食』四季豆炒鸡蛋

材料 四季豆、鸡蛋、红辣椒各适量

调料 盐3克，味精1克，植物油、香油各适量

制作 ①四季豆洗净，切菱形块；红辣椒洗净切菱形片；鸡蛋打散。

②锅中水烧开，放入四季豆焯熟捞起。

③锅中油烧热，将打好的鸡蛋液倒入锅中，煎成鸡蛋块，再下入四季豆、红辣椒，炒至熟，调入盐、味精、香油，炒匀即可。

配餐原因

主食中的米粉富有弹性，口感很好，含有多种氨基酸、维生素等成分，能养胃止渴、益气补虚。配食中，四季豆炒鸡蛋有增进食欲、改善记忆力的作用；牛奶是和母乳营养非常接近的营养物质，对于孩子来说，有增高助长、补益大脑之功效；香蕉能够促进食物的消化吸收，适合孩子食用。

黄花菜鲜菇河粉套餐

主食	黄花菜鲜菇河粉	水果	香蕉
配食	牛肉娃娃菜		
鸡蛋	蒸水蛋		

『主食』黄花菜鲜菇河粉

材料 黄花菜45克，河粉90克，胡萝卜丝、黄豆芽、鱿鱼丝、香菇片各适量

调料 盐、白胡椒粉各3克，高汤适量

制作 ①黄花菜泡发洗净，焯水；黄豆芽去尾，洗净；河粉入沸水略烫，捞出。②高汤入锅煮沸，放入河粉、黄豆芽、黄花菜、胡萝卜丝、香菇片煮熟，调入适量盐、白胡椒粉，盛出，放上鱿鱼丝即可。

『配食』牛肉娃娃菜

材料 牛肉片250克，娃娃菜300克，青椒圈、红椒圈各适量

调料 水淀粉10克，味精5克，盐、白糖、食粉、生抽、料酒、蚝油各3克，鸡粉、姜片、蒜末、葱白、辣椒酱各适量

制作 ①娃娃菜洗净焯水，加调料炒匀，盛出装盘，待用。

②起油锅，爆香葱、姜、蒜，炒熟牛肉，加调料和红、青椒圈炒匀，盛在娃娃菜上即可。

配餐原因 该主食以蔬菜居多，并含有一定量的肉类，有利于消化，能增强孩子的大脑功能。配食中，牛肉娃娃菜能开胃，可帮助人体补充动物蛋白、矿物质；蒸蛋可强化记忆力、增强体质；香蕉能清肠胃、缓解疲劳。

咖喱炒河粉套餐

主食　咖喱炒河粉
配食　蛋黄鱼片
饮品　豆浆
水果　苹果

『主食』咖喱炒河粉

材料 河粉200克，火腿丝、红椒丝、橙子、圣女果各适量

调料 盐、鸡精、咖喱粉、植物油、熟白芝麻、葱丝各适量

制作 ①橙子洗净，切片摆盘；圣女果洗净，对半切开，摆盘。

②炒锅烧热，下入红椒丝、火腿丝、河粉炒至熟，倒入所有调味料炒匀即可。

『配食』蛋黄鱼片

材料 草鱼300克，鸡蛋3个

调料 植物油、盐、味精、水淀粉、胡椒粉、鸡粉各适量，葱花少许

制作 ①草鱼洗净切片，加盐、味精、水淀粉、植物油，拌匀腌渍入味；鸡蛋打入碗中，取蛋黄加盐、鸡粉、温水、胡椒粉、熟油拌匀，盛入盘中。

②将蛋液放入蒸锅蒸5分钟，铺上鱼片蒸1分钟，取出撒上葱花，浇上熟油即可。

配餐原因

咖喱炒河粉具有开胃作用，能补充机体所需的大部分能量，还能补充一定量的蛋白质和维生素C。配食中，蛋黄鱼片可以满足孩子大脑和机体对于蛋白质、脂肪、维生素A、卵磷脂等成分的需求；豆浆可补钙强身；苹果可调节肠胃功能，还能补充丰富的锌元素。

三丝炒米粉套餐

主食	三丝炒米粉	鸡蛋	蒸水蛋
配食	香菇蒸鳕鱼	水果	猕猴桃
饮品	豆浆		

『主食』三丝炒米粉

材料 米粉500克，胡萝卜丝、火腿丝各100克

调料 植物油适量，盐3克，味精2克，葱丝50克

制作 ①将米粉放入水中浸泡至软。

②将三丝改刀成细丝。

③锅中加油烧热，下入米粉炒散后，再加入三丝一起炒熟，最后调入盐、味精炒匀即可。

『配食』香菇蒸鳕鱼

材料 鳕鱼肉200克，香菇40克，泡小米椒15克

调料 料酒4克，植物油、盐、蒸鱼豉油各适量，姜丝、葱花各少许

制作 ①泡小米椒切碎；香菇洗净切条；洗净的鳕鱼肉加料酒、盐拌匀，加入香菇、小米椒碎、姜丝腌渍入味。

②将鳕鱼放入烧开的蒸锅中蒸至熟透。

③取出，浇上蒸鱼豉油，撒上葱花即可。

配餐原因

三丝炒米粉有荤有素，可以满足孩子对能量的需求，还能提高孩子的食欲。此套餐还提供了富含氨基酸、维生素A、维生素C的香菇蒸鳕鱼，能改善记忆力的蒸蛋，可补钙强身的豆浆，以及能补水、增强抵抗力的猕猴桃。

三丝炒意粉套餐

主食	三丝炒意粉	鸡蛋	煎蛋
配食	碧绿生鱼卷	水果	芒果
汤品	莲子心冬瓜汤		

『主食』三丝炒意粉

材料 胡萝卜丝、洋葱丝、火腿、叉烧各25克，青、红椒丝各10克，意粉200克，熟鸡柳25克

调料 盐、味精、油各适量

制作 ①火腿、叉烧、熟鸡柳切丝；锅中加水烧开，入意粉慢火煮熟，捞出过凉水，待用。

②油下热锅，放入胡萝卜、洋葱丝及青、红椒丝过油炒，再下火腿丝、叉烧丝、鸡柳丝、意粉，加入盐、味精炒2分钟即可。

『汤品』莲子心冬瓜汤

材料 冬瓜300克，莲子心6克

调料 盐2克，食用油少许

制作 ①冬瓜洗净去皮、瓤，切成小块，备用。

②砂锅中注入适量清水烧开，倒入冬瓜、莲子心，烧开后用小火煮20分钟，至食材熟透。

③放入适量盐、食用油，拌匀，盛出，装碗即可。

『配食』碧绿生鱼卷

材料 火腿丝、水发香菇丝、生鱼片、油菜、胡萝卜丝、胡萝卜片、红椒片各适量

调料 油、盐、鸡粉、料酒、姜片、葱段、水淀粉各适量

制作 ①鱼肉加调料腌渍，放上火腿丝、胡萝卜丝、香菇丝卷起，入油锅炸熟捞出；油菜洗净焯水。

②锅留油，爆香胡萝卜片、红椒片、姜片、葱段，调入料酒、清水、盐、鸡粉、水淀粉，制成稠汁。

③放入生鱼卷，裹上稠汁，盛出摆上油菜即可。

配餐原因

三丝炒意粉能为人体补充多种维生素、蛋白质、脂肪等成分。配食中，碧绿生鱼卷含蛋白质、维生素较多；煎蛋能提高食欲；莲子心冬瓜汤能养心、利尿；芒果能调节口感、抗菌消炎。

『主食』南瓜炒米粉

材料 南瓜、米粉各250克，鲜虾仁、猪肉各200克

调料 葱1棵，盐3克，植物油适量

制作 ①南瓜去皮、瓤，切开，洗净，刨成丝；猪肉洗净，切成肉丝；虾仁洗净；葱去根须、洗净，切葱花。
②油锅加热，将虾仁炒至发白，先盛出，续下肉丝炒香。
③倒入南瓜丝，加盐调味，加水将其煮熟，加入米粉炒至收汁，再下虾仁、葱花炒匀即可。

『汤品』金针菇凤丝汤

材料 鸡胸肉200克，金针菇150克，黄瓜20克

调料 高汤适量，盐4克

制作 ①将鸡胸肉洗净，切丝；金针菇洗净，切段；黄瓜洗净，切丝，备用。
②汤锅上火倒入高汤，调入盐，下入鸡胸肉、金针菇煮至熟，撒入黄瓜丝即可。

『配食』雪里蕻肉末

材料 雪里蕻350克，肉末60克，红椒圈适量

调料 盐3克，蒜末、料酒、鸡粉、味精、老抽、水淀粉、植物油各适量

制作 ①雪里蕻洗净切段，焯熟捞出浸水，滤出。
②热锅注油，倒入肉末炒至变白，加入料酒和老抽炒匀，倒入蒜末、红椒圈、雪里蕻翻炒匀。
③加入盐、鸡粉、味精炒匀，加入水淀粉勾芡。
④炒熟，盛入盘内即可。

配餐原因

主食略微偏甜，能补充丰富的糖类、钙元素、蛋白质、B族维生素等成分。配食中，雪里蕻肉末能增进食欲、补虚强身；水煮蛋有助于增强记忆力；金针菇凤丝汤可补水、缓解疲劳；苹果可补锌，能益智。

泡菜炒粉条套餐

主食	泡菜炒粉条	鸡蛋	水煮蛋
配食	菜心炒肉	水果	橙子
汤品	什锦汤		

『主食』泡菜炒粉条

材料 粉条150克，泡圆白菜30克，青、红椒各20克

调料 盐3克，干辣椒10克，香油、鸡精、植物油各适量

制作 ①泡圆白菜切丝；青、红椒均洗净，切丝；干辣椒洗净切段。

②粉条用热水泡软，捞出备用。

③油锅烧热，爆香干辣椒，下入粉条、泡圆白菜及青、红椒翻炒至熟，加盐、鸡精调味，淋上香油即可。

『配食』菜心炒肉

材料 菜心500克，猪瘦肉150克，水发黑木耳片适量

调料 盐3克，植物油、蒜片、鸡粉、白糖、料酒、水淀粉各适量

制作 ①猪瘦肉洗净切片，加调味料腌渍入味。

②热锅注油，倒入猪肉，翻炒至断生，盛出备用。

③沸水中加盐、植物油，将洗净的菜心焯水捞出。

④热锅注油，放入蒜片、洗净的黑木耳片、菜心、瘦肉，调入盐、鸡粉、白糖、料酒、水淀粉炒匀即可。

『汤品』什锦汤

材料 西葫芦80克，帝王菇70克，胡萝卜20克，油炸豆皮60克

调料 盐4克

制作 ①西葫芦洗净，切薄片；帝王菇洗净，备用。

②胡萝卜削皮，洗净，切薄片；油炸豆皮冲水后备用。

③水开后，先将胡萝卜片放入，再逐一加入帝王菇、西葫芦薄片，煮熟，起锅前再放入油炸豆皮，稍煮1分钟，加入盐即可。

主食有开胃、补充体力的作用。配食中的菜心炒肉能补充丰富的动物蛋白、维生素C；水煮蛋能强化记忆力；什锦汤可润肺止咳；橙子可消食、去油腻。

『主食』蔬菜炒河粉

材料 河粉120克，白菜、胡萝卜、彩椒各适量

调料 盐、鸡粉各3克，植物油、生抽、蒜末、葱末各适量

制作 ①白菜、胡萝卜、彩椒均洗净，切丝。

②热锅注油，放入蒜末、葱末爆香，再放入白菜、胡萝卜、彩椒翻炒。

③倒入河粉，拌炒均匀，加盐、鸡粉、生抽调味，炒至食材熟透即可。

『汤品』金针木耳汤

材料 金针菇100克，水发黑木耳50克，猪肉45克

调料 清汤适量，盐4克

制作 ①将金针菇洗净；水发黑木耳洗净切丝；猪肉洗净，切丝备用。

②汤锅上火，倒入清汤，调入盐，下入金针菇、水发黑木耳、猪肉煲至熟即可。

主食是补充能量、强身的健康早餐。套餐中的西红柿炒扁豆开胃效果明显；蒸蛋能用于补虚；金针木耳汤能养肝明目、促进智力发育；草莓可调理胃肠道。

『配食』西红柿炒扁豆

材料 西红柿90克，扁豆100克

调料 植物油、盐、鸡粉、料酒、水淀粉各适量，蒜末、葱段各少许

制作 ①西红柿洗净对半切开，再切成小块。

②沸水中加油、盐，下入洗净的扁豆焯至断生。

③起油锅，爆香蒜末、葱段，倒入西红柿炒至出汁水，放入扁豆炒匀，淋入料酒。

④转小火，调入盐、鸡粉，用大火收浓汁水，倒入适量水淀粉炒匀，盛出食材，装在盘中即可。

胡萝卜河粉套餐

主食　胡萝卜河粉
配食　蛋白炒玉米
饮品　豆浆
水果　芒果

『主食』胡萝卜河粉

材料 河粉100克，胡萝卜40克，香菜15克

调料 生抽、醋各3克，鸡汤500毫升

制作 ①胡萝卜去皮洗净，切薄片；香菜洗净，切末。

②锅中加入鸡汤，大火煮沸，放入河粉，煮熟，捞出装入碗中，备用。

③再将胡萝卜片放入鸡汤中，煮熟，捞出放在河粉上。

④将锅中的鸡汤浇入河粉碗中，撒上香菜末即可。

『配食』蛋白炒玉米

材料 熟蛋白200克，玉米粒150克，熟豌豆、枸杞各少许

调料 植物油、酱油、白醋、水淀粉、盐、味精、姜各适量

制作 ①将蛋白切成小丁；玉米粒洗净焯水；姜洗净切末，待用；枸杞洗净。

②锅中放油烧热，炒香姜末，加入蛋白丁、玉米粒、熟豌豆、枸杞和其他调味料，炒熟即可。

配餐原因 胡萝卜河粉开胃效果明显，可增进孩子的食欲，补充孩子所需的能量。此外，套餐中的蛋白炒玉米补充了动物蛋白、维生素B_6、烟酸等成分，可健脑、促排泄；豆浆能健脑、强身；芒果在餐后食用有促消化之功效。

『主食』油菜炒粉

材料 水发米线250克，油菜100克，鸡蛋1个

调料 盐3克，辣椒酱10克，醋、植物油各适量

制作 ①水发米线沥干水分；油菜洗净；鸡蛋打入碗中，搅拌均匀。

②油锅烧热，倒入鸡蛋，煎至五成熟，放入米线炒匀，再下油菜翻炒2分钟。

③加盐、辣椒酱、醋调味，起锅入盘即可。

『汤品』白菜猪肉汤

材料 白菜300克，五花肉150克，水发粉条45克

调料 植物油、盐、葱丝、姜丝、酱油、香菜段、红椒粒各适量

制作 ①将白菜洗净，切块；五花肉洗净，切片；水发粉条洗净，切成段备用。

②炒锅上火倒入植物油，将葱爆香，下入五花肉煸炒，烹入酱油，下入白菜略炒，倒入水，调入盐，下入水发粉条煲至熟，撒入香菜段、红椒粒即可。

配餐原因

主食部分有开胃、补虚的功效。配食中，凉拌豆角能止消渴；白菜猪肉汤可润肠通便、补虚；水煮蛋能健脑；菠萝可改善消化不良。

『配食』凉拌豆角

材料 豆角400克，胡萝卜、干辣椒各适量

调料 蒜蓉、盐、鸡精、香油、植物油各适量

制作 ①将豆角洗净，切段，入沸水锅中汆水至熟，装盘备用；胡萝卜洗净，切小段，焯水，装盘；干辣椒洗净，切段。

②炒锅注油烧热，下入干辣椒和蒜蓉爆香，起锅倒在装有豆角和胡萝卜的盘中，加香油、盐和鸡精搅拌均匀。

干炒牛河套餐

主食	干炒牛河	鸡蛋	蒸水蛋
配食	黄豆芽拌荷兰豆	水果	梨
饮品	牛奶		

『主食』干炒牛河

材料 河粉皮150克，熟牛肉块100克，辣椒少许

调料 植物油、盐、五香粉、酱油、葱各适量

制作 ①河粉皮泡发，沥水，切长条；辣椒洗净切细条；熟牛肉保温；葱洗净，切段。

②油锅烧热，下入河粉翻炒，加入辣椒、酱油炒至熟，调入盐、五香粉，盛入盘中，撒上葱段、熟牛肉，即可。

『配食』黄豆芽拌荷兰豆

材料 黄豆芽100克，荷兰豆80克，菊花瓣10克，红椒3克

调料 盐3克，味精1克，生抽、香油各10克

制作 ①黄豆芽洗净，焯水；荷兰豆洗净，焯水至熟，捞出切丝；菊花瓣洗净焯水；红椒洗净，切丝。

②将调料调匀，淋在黄豆芽、荷兰豆上拌匀，撒上菊花瓣、红椒丝即可。

配餐原因

干炒牛河色泽红润，能增进食欲，还可提供孩子身体发育所需的动物蛋白、淀粉等成分。配食中，黄豆芽拌荷兰豆含有蛋白质、维生素C、钙、铁等成分，有益脑功效；牛奶能增高助长、提高免疫力、改善体虚等症状；蒸蛋能补虚弱；梨能缓解唇干口渴等症状，适合孩子在秋季的早餐后食用。

绩溪炒粉丝套餐

主食	绩溪炒粉丝	鸡蛋	水煮蛋
配食	爽脆西芹	水果	猕猴桃
饮品	豆浆		

『主食』绩溪炒粉丝

材料 火腿丝、香干丝各100克，山芋粉丝150克，蒜片20克，鲜香菇丝、青椒丝、红椒丝、剁椒各适量

调料 植物油、盐、老抽、鸡精各适量

制作 ①热锅注油，倒入蒜片、火腿丝、香干丝、鲜香菇丝、青红椒丝过油。

②下入山芋粉丝同炒至熟，加盐、老抽、鸡精、剁椒调味，炒匀即可。

『配食』爽脆西芹

材料 西芹400克

调料 盐、香油各适量

制作 ①将西芹洗净，切成长度相等的段，装入盘中，待用。

②锅中注水，大火烧开，放入适量盐，再倒入西芹焯水至熟，捞出，沥干水分，摆盘。

③最后淋上适量香油即可食用。

配餐原因 主食偏辣，可促进孩子的食欲。配食中，爽脆西芹有健胃、利尿的功效；水煮蛋能改善记忆力；豆浆含有蛋白质、钙、磷等成分，能强身、健脾；猕猴桃富含维生素C，可增强抵抗力，解油腻。

『配食』豌豆炒肉

材料 豌豆250克，猪瘦肉100克，红椒1个

调料 盐3克，味精3克，胡椒粉、生粉、植物油各适量

制作 ①豌豆洗净，煮熟；猪瘦肉洗净，切成片；红椒洗净切圈。

②猪瘦肉加盐、生粉腌渍5分钟后，入三成油温中滑开。

③锅中放油，爆香红椒圈，下入豌豆翻炒，下入肉片和调味料即可。

『主食』金湘玉飘香粉丝

材料 粉丝、洋葱各50克，包菜100克，干椒少许

调料 盐、白醋、植物油各适量

制作 ①粉丝泡发，捞出沥干水分；洋葱去皮，洗净切丝；包菜洗净，切丝；干椒洗净切段。

②油锅烧热，炝香干椒，下包菜翻一会儿，倒入粉丝、洋葱炒熟。

③加盐、白醋调味后，盛入盘中即可。

『汤品』红薯鸡肉汤

材料 红薯250克，洋葱半颗，鸡腿1个，水煮番茄罐头1罐

调料 月桂叶1片，胡椒粉、盐各3克，高汤、植物油、蒜各适量

制作 ①红薯洗净，去皮，切成块；洋葱洗净切薄片；大蒜洗净切末；鸡腿洗净切成块，加胡椒、盐腌渍。

②热锅注油，炒香蒜末、洋葱片，再下鸡腿炒熟。

③加入红薯翻炒，加入月桂叶、高汤、水、水煮番茄，煮至水分减半，下盐及胡椒粉调味即可。

主食可为人体补充维生素C、烟酸等成分。配食中，豌豆炒肉有明目、健脑的作用；咸蛋可开胃；红薯鸡肉汤能提高人体对蛋白质、脂肪的吸收率；苹果可促消化。

『主食』牛肉河粉

材料 河粉皮100克，卤牛肉150克，洋葱、香菇各少许

调料 盐2克，醋3克，辣椒粉4克，香油、植物油各适量

制作 ①河粉皮泡发后切细条；洋葱洗净，切圈；香菇洗净，泡发撕片；卤牛肉切片。
②油锅烧热，下入河粉皮炒熟，加盐、醋、辣椒粉调味，装盘。
③净锅注水烧开，下入洋葱、香菇微焯，捞出撒入盘中。
④将牛肉码好，淋入香油即可。

『汤品』菠萝苦瓜汤

材料 新鲜菠萝50克，苦瓜50克，胡萝卜5克，水600毫升

调料 盐少许

制作 ①菠萝取肉，切薄片（若为罐装菠萝，则切小块即可）；苦瓜洗净去籽，切片；胡萝卜洗净去皮，切片备用。
②将水放入锅中，开中火，放入苦瓜、胡萝卜、菠萝煮开，待水滚后转小火将材料煮熟，加入少许盐调味即可。

主食可补充动物蛋白。配食中，田园小炒可开胃消食、补血；茶叶蛋可调节口感、补虚、益智；菠萝苦瓜汤有助于清胃降火；芒果可促消化。

『配食』田园小炒

材料 甜豆、黑木耳各100克，莲藕、胡萝卜各200克

调料 生抽20克，盐4克、味精2克，香油10克，植物油适量

制作 ①甜豆洗净，切长条待用；莲藕洗净，切薄片；黑木耳水发，洗净；胡萝卜洗净，切小块。
②锅烧热加油，加热，放进全部原材料、生抽一起滑炒，炒至熟，下盐、味精炒匀，淋上香油即可。

美味蕨根粉套餐

主食	美味蕨根粉	鸡蛋	蒸水蛋
配食	玉米炒芹菜	水果	草莓
汤品	冬瓜鲤鱼汤		

『主食』美味蕨根粉

材料 蕨根粉300克，红椒210克

调料 盐、醋、辣椒油各少许，葱白、姜各10克

制作 ①蕨根粉用水冲净；葱白、姜、红椒均洗净，切丝。
②锅注水烧开，放入蕨根粉焯至变软，捞出放入盘中。
③调盐、醋、辣椒油拌匀后，撒上葱白丝、姜丝、红椒丝即可。

『配食』玉米炒芹菜

材料 玉米块200克，扁豆、芹菜、圣女果各100克，红椒、百合各50克

调料 盐3克，鸡精2克，酱油、植物油各适量

制作 ①所有原材料洗净。
②锅加水烧开，分别将玉米块、扁豆焯水，捞出。
③热锅注油，煸炒玉米块、扁豆、芹菜，放入圣女果、红椒、百合，加盐、鸡精、酱油炒熟即可。

『汤品』冬瓜鲤鱼汤

材料 茯苓25克，红枣（去核）10颗，枸杞15克，鲤鱼1条（450克），冬瓜200克

调料 盐适量，姜片3片

制作 ①原材料洗净，茯苓压碎，用棉布袋包起，一起入锅。
②鲤鱼洗净去骨、刺，取鱼肉切片，鱼骨用棉布袋包起备用。
③冬瓜去皮、瓤，切块状，同姜片、鱼骨、枸杞、红枣、药材包一起放入锅中，加入水，用小火煮至冬瓜熟透，放入鱼片，转大火煮滚，加盐调味即可。

主食可开胃、补充能量。配食中，玉米炒芹菜能为人体提供维生素B_6、烟酸等成分；蒸蛋可补虚、强志；冬瓜鲤鱼汤可健脑、利尿；草莓能明目、解腻。

『主食』酸辣粉

材料 苕粉50克，油炸花生米、油麦菜各适量

调料 盐2克，醋5克，豆豉酱20克，葱、植物油各适量

制作 ①苕粉泡软，捞出沥干；油麦菜择取嫩叶，洗净；葱洗净，切段。

②锅中注水烧开，分别下入苕粉、油麦菜焯一会儿，捞出，放入碗中。

③油锅烧热，将盐、醋、豆豉酱调成味汁，淋入碗中，撒上油炸花生米、葱段即可。

『汤品』白菜肉丝汤

材料 白菜300克，猪瘦肉100克，青、红椒各30克

调料 盐、鸡精、酱油、植物油、水淀粉各适量

制作 ①白菜洗净切四瓣，入水焯熟，捞出沥水；猪瘦肉洗净切丝；青、红椒分别洗净切丝。

②热锅注油，下肉丝炒至变色，加入青、红椒，继续翻炒。

③加适量水煮开，再加入白菜，加盐、鸡精、酱油调味，入水淀粉勾芡，起锅装盘即可。

主食柔软有劲道，有开胃的功效。清远煎酿豆腐富含植物蛋白；白菜肉丝汤能补虚、促进消化；水煮蛋可增强记忆力、健脑；桂圆能安神定志。

酸辣粉套餐

主食	酸辣粉	鸡蛋	水煮蛋
配食	清远煎酿豆腐	水果	桂圆
汤品	白菜肉丝汤		

『配食』清远煎酿豆腐

材料 豆腐200克，五花肉100克，青菜50克

调料 盐、葱花、胡椒粉、清汤、植物油各适量

制作 ①五花肉洗净剁碎，加盐腌渍；豆腐洗净切块，在每块豆腐中间挖个小洞，放入肉馅；青菜洗净焯熟待用。

②油烧热，放入豆腐煎至两面金黄。

③取出豆腐，放入砂锅，加清汤、盐、胡椒粉烧熟，与青菜装盘，撒上葱花即可。

『主食』豆芽米粉

材料 米线50克，豆芽100克，虾仁、蒜苗各少许

调料 盐2克，辣椒油10克，植物油适量

制作 ①米线发泡20分钟，捞起沥干；豆芽洗净，切段；蒜苗洗净，切段；虾仁洗净。

②油锅烧热，下入豆芽煸炒，倒入米线炒至八成熟时，放入蒜苗、虾仁炒至熟。

③加盐、辣椒油炒匀，入盘即可。

『配食』香炸海带鹌鹑蛋

材料 鹌鹑蛋3个，干海带20克，黑、白芝麻各少许

调料 盐、植物油各适量

制作 ①鹌鹑蛋洗净放入沸水锅中煮熟，捞出后去壳；干海带洗净切细。

②油锅烧热，加入盐，下入洗净的黑、白芝麻炸香，再倒入干海带炸熟，捞起沥油。

③将海带和鹌鹑蛋摆盘即可。

『汤品』鱼片豆腐汤

材料 鳜鱼300克，橘皮半个，豆腐半块

调料 盐3克

制作 ①橘皮刮去部分内面白瓤，洗净切细丝；鳜鱼洗净，去皮切片；豆腐洗净切小块。

②锅中加水煮开，下豆腐、鱼片，煮约2分钟，待鱼肉熟透，加盐调味，撒上橘皮丝即可。

豆芽米粉有益智、润肠、开胃之功效。配食中，香炸海带鹌鹑蛋补充了主食中缺乏的蛋白质、钙元素等成分；鱼片豆腐汤能丰富孩子的饮食结构，可起到养肝明目的功效；香蕉是极好的促排便食品。

炒米粉套餐

主食 炒米粉	鸡蛋 水煮蛋
配食 紫苏炒瘦肉	水果 梨
饮品 豆浆	

『主食』炒米粉

材料 细米粉120克，鸡蛋、圆白菜、泡发烟笋、胡萝卜、熟黑芝麻各适量

调料 盐3克，葱段20克，植物油、生抽、香菜段各适量

制作 ①圆白菜、胡萝卜、烟笋均洗净，切丝；细米粉泡软，捞出沥干；鸡蛋打散煎熟，盛出。
②油锅烧热，倒入烟笋、胡萝卜、圆白菜略炒熟后，下细米粉、葱段、鸡蛋碎下锅同炒匀。
③加盐、生抽调味，撒上黑芝麻、香菜段即可。

炒米粉含有蛋白质、卵磷脂、钙元素、维生素C、胡萝卜素等成分，是营养开胃的健康早餐。配食中，紫苏炒瘦肉含有大量蛋白质；水煮蛋有保肝、益智之功效；豆浆能补虚、改善贫血；梨润肺，适合孩子多食用。

『配食』紫苏炒瘦肉

材料 新鲜紫苏叶50克，里脊肉150克

调料 嫩姜10克，盐3克，植物油、酱油、生粉各适量，葱1棵

制作 ①葱洗净切段；姜洗净切丝；里脊肉洗净切成薄片。
②紫苏叶洗净；肉加酱油、生粉腌渍10分钟。
③起油锅，爆香姜、葱，入肉片翻炒至变色后，再入紫苏叶略炒，加调料调味即可。

蛋炒米粉套餐

主食	蛋炒米粉	水果	橙子
配食	芥蓝炒肉丝		
饮品	豆浆		

『主食』蛋炒米粉

材料 米粉40克，胡萝卜丝100克，鸡蛋1个，韭菜段、豆芽各少许

调料 盐2克，酱油4克，植物油适量

制作 ①米粉泡发后捞出，沥水；鸡蛋打散，拌匀；豆芽洗净，切段。

②油锅烧热，倒入鸡蛋炸成蛋花，放入米粉炒熟，调入盐、酱油，盛入盘中。

③将韭菜、豆芽、胡萝卜丝焯水，捞出装盘即可。

『配食』芥蓝炒肉丝

材料 芥蓝250克，瘦肉100克，红椒20克

调料 植物油适量，盐、白糖各3克，鸡粉4克，料酒7克，水淀粉、姜片、蒜末、葱白各少许

制作 ①芥蓝洗净切段；红椒洗净切成块；瘦肉洗净切丝，加调味料腌渍入味。

②起油锅，爆香红椒、姜片、蒜末、葱段，放入肉丝、芥蓝炒熟软，调入料酒、鸡粉、盐、白糖、水淀粉即可。

此套餐的主食富含铁、钙等元素，可促进孩子生长发育。配食中，芥蓝炒肉丝富含维生素C、蛋白质，有助于健脑益智；豆浆能补水、钙、钾、叶酸等成分，对促进神经发育有一定作用；橙子有消食、去油腻的作用，餐后食用正合适。

西红柿肉酱通心粉套餐

主食	西红柿肉酱通心粉	鸡蛋	水煮蛋
配食	西蓝花炒油菜	水果	香蕉
饮品	牛奶		

『主食』西红柿肉酱通心粉

材料 通心粉150克，洋葱丁、西红柿丁各20克，绞肉50克，芹菜叶适量

调料 番茄酱、奶酪丁、橄榄油各适量

制作 ①芹菜叶洗净切末；通心粉煮熟后装盘，加入少许橄榄油搅拌。

②洋葱入锅爆香，加入番茄酱、西红柿丁、绞肉、奶酪丁拌炒均匀，浇在通心粉上，撒上芹菜叶末即可。

『配食』西蓝花炒油菜

材料 西蓝花200克，油菜200克，胡萝卜片50克

调料 盐、鸡精各2克，白砂糖3克，植物油适量

制作 ①西蓝花洗净，切瓣，焯水；油菜洗净去尾叶。

②热锅注水，放入原材料，焯水捞出。

③油烧热，倒入原材料，翻炒片刻后，调入盐、鸡精、少许砂糖，炒匀即可盛盘。

配餐原因 这款主食有助于开胃，还可提供孩子成长所需的动物蛋白等营养成分。配食中，西蓝花炒油菜富含多种维生素；水煮蛋可改善记忆力；牛奶富含氨基酸、钙元素，适合青少年食用；香蕉能帮助消化。

肉米炒粉皮套餐

主食 肉米炒粉皮	蛋类 咸蛋
配食 豆豉空心菜	水果 苹果
饮品 豆浆	

『主食』肉米炒粉皮

材料 猪肉50克，粉皮150克，青、红椒各15克

调料 盐3克，大蒜、生抽、植物油、陈醋各适量

制作 ①青、红椒均洗净，去籽，切丁；大蒜、猪肉洗净，均剁成末；粉皮切段。

②油锅烧热，倒入蒜末、陈醋煸香，再下入肉末同炒，粉皮下锅翻炒。

③待炒熟后，调入盐、生抽、青红椒丁炒匀即可。

粉皮通透且有劲道，瘦肉可补虚，这道主食对孩子的健康成长十分有利。配食中，豆豉空心菜能提高食欲，可补钙、铁等元素；咸蛋有丰肌、清肺的作用；豆浆能补充体力、强身健体；苹果可补锌益智。

『配食』豆豉空心菜

材料 空心菜梗300克，豆豉30克，红椒20克

调料 盐3克，鸡精1克，香油10克，植物油适量

制作 ①将空心菜梗洗净，切小段；豆豉洗净，沥干待用；红椒洗净，切片。

②锅加油烧至七成热，倒入豆豉炒香，再倒入空心菜梗滑炒，加入红椒翻炒片刻。

③加盐、鸡精和香油调味，装盘即可。

『主食』带子拌菠菜粉

材料 菠菜、意大利粉各150克，带子、面粉各10克，洋葱1个，西红柿1个

调料 盐、胡椒粉各3克，味精2克，牛油50克

制作 ①菠菜洗净切段；洋葱、西红柿分别洗净切碎；意大利粉用煲煮熟，捞出沥干水分。
②牛油烧热，倒入洋葱、西红柿、菠菜、意大利粉炒熟，加盐、胡椒、味精炒匀装盘，将带子裹上面粉扒熟，摆上即可。

『汤品』油菜黄豆汤

材料 牛肉250克，黄豆100克，油菜6棵，白萝卜片少许

调料 味精、香油各3克，盐、葱丝、姜丝各5克，高汤、花生油各适量

制作 ①将牛肉洗净、切丁、汆水备用；黄豆洗净；油菜洗净。
②炒锅上火倒入花生油，将葱、姜炝香，下入高汤，再加入牛肉、黄豆、白萝卜片，调入盐、味精煲至熟，放入油菜，淋入香油即可。

配餐原因 主食可补充能量、利肠排毒。配食中，西芹炒山药能补脑、清肠利便；蒸蛋可增强记忆力；油菜黄豆汤可促进神经发育；草莓有助于预防坏血病。

带子拌菠菜粉套餐

主食	带子拌菠菜粉	鸡蛋	蒸水蛋
配食	西芹炒山药	水果	草莓
汤品	油菜黄豆汤		

『配食』西芹炒山药

材料 西芹300克，山药150克，胡萝卜30克

调料 盐3克，香油15克，植物油适量

制作 ①将西芹洗净，切块；山药去皮，洗净，切片；胡萝卜洗净，切片。
②锅加油烧热，放入西芹和山药快速翻炒，加入胡萝卜一起炒至熟。
③加少许香油和盐，装盘即可。

星洲炒米粉套餐

主食	星洲炒米粉	鸡蛋	蒸水蛋
配食	素炒豌豆	水果	芒果
饮品	豆浆		

『主食』星洲炒米粉

材料 面线150克，虾仁、火腿各50克，熟芝麻适量

调料 盐2克，咖喱粉5克，葱段、植物油各适量

制作 ①面线浸水15分钟，捞起沥干；虾仁收拾干净；火腿切条。

②油锅烧热，放入虾仁、火腿稍炒，倒入面线炒透，调入盐、咖喱粉炒匀。

③盛出食材，装盘，撒上葱段、熟芝麻即可。

『配食』素炒豌豆

材料 豌豆400克，苹果30克，西红柿20克

调料 盐、鸡精、水淀粉、植物油各适量

制作 ①豌豆洗净，沥水，焯熟；苹果洗净，去皮，切丁；西红柿洗净，切丁。

②油烧热，放入豌豆炒熟，下入苹果丁和西红柿丁同炒至熟。

③调入盐和鸡精调味，加入适量水淀粉勾芡即可。

配餐原因

主食富含蛋白质、脂肪、钙、镁等营养成分，利于孩子大脑的发育和机体的生长。套餐中的素炒豌豆鲜美爽口，可补中益气、利小便；蒸蛋是孩子不可多得的增强记忆力的食物；豆浆有补钙、强身、降压效果；芒果有祛痰止咳的作用。

香妃鸡汤米粉套餐

主食	香妃鸡汤米粉	水果	西瓜
配食	农家炒芥蓝		
鸡蛋	水煮蛋		

『主食』香妃鸡汤米粉

材料 鸡肉300克，粉丝100克，菜薹少许

调料 盐、鸡精各适量，葱少许

制作 ①鸡肉洗净，斩件后汆水；菜薹洗净；葱洗净，切葱花。

②瓦煲注入适量清水，下入鸡肉炖约2小时，放入洗净的粉丝再煮15分钟，下菜薹焖软。

③加入少许盐、鸡精，炒匀调味，撒上葱花即可。

『配食』农家炒芥蓝

材料 芥蓝350克，红椒30克

调料 盐3克，鸡精1克，植物油适量

制作 ①将芥蓝洗净，切碎；红椒洗净，切碎。

②锅注油烧热，倒入芥蓝爆炒，再加红椒翻炒均匀。

③最后调入盐和鸡精炒熟，起锅装盘即可。

配餐原因 主食含蛋白质、脂肪、钙、铁等成分，养胃又滋补，适合体虚的孩子食用。农家炒芥蓝含膳食纤维，有助于预防便秘；水煮蛋可起到补虚、增强记忆力的作用；西瓜有利尿、除烦的作用，适合夏季餐后食用。

牛柳炒意粉套餐

主食	牛柳炒意粉	水果　香蕉
配食	木须小白菜	
饮品	豆浆	

『主食』牛柳炒意粉

材料 牛肉100克，青椒1个，意大利粉150克，洋葱、胡萝卜各30克

调料 黑椒、烧汁各10克，白糖、盐各5克，牛油20克

制作 ①牛肉、洋葱、胡萝卜、青椒均洗净切丝；意大利粉入开水中煮熟。
②牛油烧热，放入青椒、牛肉、洋葱、胡萝卜爆炒至香，放入意大利粉，调入黑椒、盐、烧汁和糖，炒匀即可。

『配食』木须小白菜

材料 黑木耳、小白菜各200克，猪肉片250克，鸡蛋液50克

调料 料酒、盐各3克，酱油、香油各5克

制作 ①黑木耳泡发撕片；小白菜择洗干净；鸡蛋入油锅煎熟，装盘。
②油烧热，放入肉片炒至变色，调入料酒、酱油、盐调味，倒入木耳、小白菜、鸡蛋同炒，待熟后，淋入香油即可。

配餐原因

黑椒有开胃的效果，所以这款主食适合食欲不振的孩子食用，同时还可补充孩子成长所需的蛋白质、脂肪、维生素等营养成分。配食中，木须小白菜有助于健脑、通便；豆浆是孩子补钙、补水的来源；香蕉具有开心、益智、润肠通便的功效。

雪菜鸭丝粉套餐

主食	雪菜鸭丝粉	水果	葡萄
配食	菠菜炒鸡蛋		
饮品	豆浆		

『主食』雪菜鸭丝粉

材料 米线50克，烤鸭150克，雪菜100克，青椒、红椒各20克

调料 盐适量

制作 ①米线泡发，捞出沥水；雪菜洗净，切细；烤鸭切成片；青椒、红椒均洗净切条。

②水烧开，焯透米线，捞出装盘，加盐拌匀。

③倒入青椒、红椒、雪菜、烤鸭即可。

『配食』菠菜炒鸡蛋

材料 菠菜400克，鸡蛋1个，黑木耳50克

调料 蒜蓉20克，盐、鸡精、植物油各适量

制作 ①菠菜洗净切段；黑木耳泡发撕朵；鸡蛋打散，加盐搅拌均匀。

②油烧热，将蒜蓉、鸡蛋炒熟，装盘。

③锅留油，加黑木耳翻炒，加入菠菜快炒，倒入鸡蛋同炒至熟。

④加入盐和鸡精调味，起锅装盘即可。

配餐原因

此套餐的主食可提高食欲，补充孩子成长所需的动物蛋白等营养成分，从而促进孩子身体生长发育。配食中，菠菜炒鸡蛋可增强胃腺和胰腺的分泌功能；豆浆可补益大脑、改善体虚；葡萄可改善气血虚弱等症状。

洋葱炒河粉套餐

主食	洋葱炒河粉	鸡蛋	蒸水蛋
配食	尖椒土豆片	水果	西瓜
饮品	牛奶		

『主食』洋葱炒河粉

材料 河粉皮100克，牛肉200克，洋葱片、豆芽、葱段各适量，熟芝麻少许

调料 盐、辣椒粉各3克，醋4克，植物油适量

制作 ①河粉皮泡发后切小段；牛肉洗净，切片；豆芽洗净，切段。

②油锅烧热，下牛肉炒至五成熟，放入河粉皮、洋葱、豆芽、葱炒熟。

③调入盐、辣椒粉、醋，撒上熟芝麻装盘即可。

『配食』尖椒土豆片

材料 土豆300克，青椒、红椒各50克

调料 盐3克，鸡精2克，酱油、植物油各适量

制作 ①土豆去皮洗净，切片；青椒、红椒均去蒂洗净，切片。

②锅下油烧热，放入土豆片翻炒片刻，再放入青椒、红椒拌匀，加盐、鸡精、酱油调味，炒熟装盘即可。

配餐原因

主食含丰富蛋白质，对于孩子的大脑、机体生长发育有促进作用。套餐中的尖椒土豆片口感好，有助于补虚、增强食欲；蒸蛋有助于益智、增强记忆力；牛奶可增强骨骼和牙齿的强度，还可促进青少年智力的发育；西瓜消暑效果好。

Part 5 面包、蛋糕 搭配出的美味营养早餐

现在的孩子普遍喜欢吃甜食，如果好妈妈们能够在早餐时为孩子烹饪出那些香甜爽口、花样诱人、营养丰富、易于消化的面包和蛋糕，再辅以科学合理的配食（比如饮品、水果等），必将能够让孩子们赢在成长和学习的起跑线上。面包、蛋糕的制作相比书中其余美食来说稍显复杂，故在本章中特意选取了制作相对简单的面包、蛋糕类美食，图文并茂，易学易会，好妈妈们完全可以动手制作。

杏仁面包套餐

主食	杏仁面包	鸡蛋	蒸水蛋
配食	香煎红衫鱼	水果	香蕉
饮品	豆浆		

『主食』杏仁面包

材料 发好的小面团2个，杏仁碎适量

制作 ①用擀面杖把小面团压扁、排气，卷成形，表面轻扫上一层水，撒上杏仁碎，放入模具内。

②饧发70分钟，发至模具九分满，保持温度37℃，湿度75%。

③喷水，入炉烘烤，温度上火180℃，下火160℃，烤12分钟左右，烤至金黄色出炉即可。

『配食』香煎红衫鱼

材料 净红衫鱼200克

调料 盐、鸡粉各2克，料酒4克，生抽6克，葱叶、姜片、植物油各适量

制作 ①取一个干净的碗，放入葱叶、姜片，倒入处理好的红衫鱼，加盐、鸡粉、料酒、生抽拌匀，腌渍15分钟至入味。

②煎锅注油烧热，放入姜片爆香，再放入红衫鱼略煎至食材熟透即可。

配餐原因 杏仁面包套餐的主食部分香甜松软，有助于提高孩子的食欲，增强抵抗力。配食中，香煎红衫鱼含有蛋白质、脂肪，有补脑的功效；蒸蛋可补虚、益智；豆浆可作补钙之用；香蕉能促进消化和排泄。

热狗丹麦面包套餐

主食	热狗丹麦面包	鸡蛋	水煮蛋
配食	香煎银鳕鱼	水果	苹果
饮品	牛奶		

『主食』热狗丹麦面包

材料 冷藏的面团1个，玛琪琳、奶油、热狗肠、芝士条、蛋液各适量

制作 ①将面团擀长，放玛琪琳、奶油包好，擀宽，叠三层，用保鲜膜包好放冰箱冷藏30分钟以上，反复3次。

②取面块，卷入热狗肠，排入烤盘进发酵箱饧发65分钟，保持温度35℃，湿度75%，至涨发两倍，扫上蛋液，塞入芝士条，入炉烘烤，上火190℃，下火160℃，烤熟即可。

『配食』香煎银鳕鱼

材料 鳕鱼180克

调料 生抽2克，姜片少许，盐1克，料酒3克，食用油适量

制作 ①取一个干净的碗，放入洗好的鳕鱼、姜片、生抽、盐、料酒抓匀，腌渍10分钟至入味。

②煎锅中注入适量食用油烧热，放入鳕鱼，用小火煎约1分钟，至煎出焦香味，翻面，再煎约1分钟至鳕鱼呈焦黄色。

③把煎好的鳕鱼块盛出，装入备好的盘中即可。

配餐原因

主食中加入了热狗，不仅补充了动物蛋白，而且还提高了食欲。配食中，香煎银鳕鱼香嫩爽口，可为人体补充动物蛋白、维生素A等成分；水煮蛋有助于改善记忆力；牛奶有增高助长的作用；苹果可补维生素，能增强孩子的抵抗力。

鸡尾面包套餐

主食	鸡尾面包	鸡蛋	煎蛋
配食	软煎鸡肝	水果	芒果
饮品	橘子马蹄汁		

『主食』鸡尾面包

材料 面团1个，鸡尾馅（砂糖100克，全蛋15克，低筋面粉50克，奶油100克，奶粉、椰蓉各适量），即溶吉士粉35克，白芝麻、蛋液适量

制作 ①鸡尾馅拌好；面团分成60克一个，滚圆压扁，放鸡尾馅，卷成橄榄形，放入发酵箱，饧发90分钟，保持温度38℃，湿度75%，发至3倍大，刷蛋液。

②将清水、即溶吉士粉拌成软鸡尾状，挤在面包上，撒白芝麻，入炉烘烤15分钟，上火185℃，下火160℃，烤好即可。

『配食』软煎鸡肝

材料 鸡肝80克，蛋清50克，面粉40克

调料 盐1克，料酒2克，植物油适量

制作 ①鸡肝洗净；锅注水烧开，放鸡肝、盐、料酒煮5分钟至鸡肝熟透取出，切片；面粉加蛋清拌均匀，制成面糊。

②煎锅注油烧热，将鸡肝裹上面糊，放入煎锅中，用小火煎约1分钟，煎出香味，翻面，略煎至鸡肝熟。

③将煎好的鸡肝取出装盘即可。

面包是孩子补充能量的营养早餐，可维护消化系统的健康。软煎鸡肝有养肝明目的作用；煎蛋营养丰富，可增强记忆力；橘子马蹄汁口感好，有助于补虚润肺、润肤、缓解疲劳；芒果可预防咳嗽、痰多等症。

牛油面包套餐

主食	牛油面包	鸡蛋	水煮蛋
配食	南瓜煎奶酪	水果	梨
饮品	豆浆		

『主食』牛油面包

材料 高筋面粉1350克，低筋面粉150克，酵母20克，改良剂5克，奶粉60克，奶香粉6.5克，砂糖335克，全蛋125克，蛋黄80克，清水800克，食盐16克，牛油210克，蛋液适量

制作 ①材料混合拌匀，发酵20分钟，分成40克一个的面团，滚圆，发酵15分钟，再滚至光滑，排入烤盘，放进发酵箱，最后饧发90分钟，保持温度37℃，湿度80%。②喷水，入炉烘烤，温度上火185℃，下火160℃，扫上蛋液即可。

『配食』南瓜煎奶酪

材料 南瓜120克，土豆70克，鸡蛋1个，奶酪20克，面粉60克

调料 白糖8克，植物油适量

制作 ①土豆去皮、洗净；南瓜去皮、瓤，洗净，切片；鸡蛋取蛋黄打散；奶酪打散。

②南瓜和土豆放入蒸锅，中火蒸15分钟，取出压碎，拌成泥状，加入奶酪、蛋黄、面粉、白糖拌均匀，制成面糊。

③锅注油烧热，放入适量面糊，用小火煎2分钟至成型，翻面，小火煎至其熟透即可。

配餐原因

牛油面包酥香柔软，可补充孩子成长所需的蛋白质、卵磷脂、锌、铁等成分，还有补充体力、健脑之功效。配食中，南瓜煎奶酪能改善儿童营养不良；水煮蛋有助于补益大脑、强化记忆；豆浆能预防孩子缺钙；梨可清心润肺。

地瓜面包套餐

主食	地瓜面包	鸡蛋	水煮蛋
配食	鲜鱼奶酪煎饼	水果	香蕉
饮品	蜂蜜玉米汁		

『主食』地瓜面包

材料 熟地瓜300克，蜂蜜20克，生奶油1大匙，发好的紫米面团、高筋面粉适量

制作 ①熟地瓜捣烂，加蜂蜜和生奶油和匀；发好的面团擀开，把做好的馅舀一勺放上去，捏起来，注意不要让馅漏出来，做成地瓜的形状，用蘸了高筋面粉的筷子在上面戳几个洞。

②面团放烘焙板上，饧40分钟左右，放到预热至190℃的烤箱里，烘焙20～25分钟即可。

『配食』鲜鱼奶酪煎饼

材料 鲈鱼肉180克，土豆130克，西蓝花30克，奶酪35克，植物油适量

制作 ①西蓝花洗净焯水，剁末；土豆洗净，去皮，切块，和鱼肉放入蒸锅，中火蒸约15分钟，压泥，放奶酪、西蓝花拌匀，制成鱼肉团，盘上抹油，放鱼肉团抹平，压成饼坯。

②锅倒油烧热，放饼坯小火煎至发出焦香，分成四等份，转动锅煎一小会儿，再各分两块，煎片刻至饼成焦黄色即可。

配餐原因 主食部分是孩子获取蛋白质、糖类、多种维生素的极好来源，可满足大脑对能量和多种营养的需求。配食鲜鱼奶酪煎饼可促进大脑发育；水煮蛋能中和主食的甜腻感，增强记忆力；蜂蜜玉米汁可润肠通便；香蕉能调节消化系统。

三文治吐司套餐

主食	三文治吐司	鸡蛋	蒸水蛋
配食	香煎柠檬鱼块	水果	樱桃
饮品	豆浆		

『主食』三文治吐司

材料 高筋面粉1000克，低筋面粉250克，酵母15克，改良剂3克，砂糖100克，全蛋100克，鲜奶150克，清水400克，奶粉25克，食盐23克，白奶油150克

制作 ①原料混合好，饧20分钟，保持温度32℃，湿度72%，再分割成面团滚圆，饧20分钟，擀扁擀长，卷成长形装入模具，放入发酵箱，饧发100分钟，保持温度35℃，湿度75%。

②入炉烘烤，上火180℃，下火180℃，约烤45分钟即可。

『配食』香煎柠檬鱼块

材料 草鱼肉300克，柠檬70克

调料 盐2克，白醋3克，白糖20克，生抽2克，胡椒粉、料酒、鸡粉、植物油、水淀粉、葱花各适量

制作 ①柠檬洗净切片，加白醋、白糖拌匀，静置5分钟，汁倒入锅加水淀粉煮成稠汁；鱼肉切块，放盐、鸡粉、白糖、生抽、料酒、胡椒粉拌匀，腌渍15分钟。

②锅加油烧热，放鱼块小火煎2分钟翻面，再煎约3分钟至熟透装盘，浇稠汁，摆柠檬片，撒上葱花即可。

配餐原因

主食部分能补充能量，促进孩子身体发育。香煎柠檬鱼块含有蛋白质、脂肪、钙，有助于补脑；蒸蛋可改善虚弱体质；豆浆能帮助消化、补充营养；樱桃有助于预防缺铁性贫血。

叉烧面包套餐

主食	叉烧面包	鸡蛋	水煮蛋
配食	香煎草鱼	水果	橙子
饮品	胡萝卜红薯汁		

『主食』叉烧面包

材料 高筋面粉2500克，砂糖450克，淡奶135克，鲜奶油65克，酵母和食盐各25克，全蛋250克，清水1300克，奶油250克，叉烧肉、起酥皮、蛋液各适量

制作 ①将除叉烧肉、起酥皮外的材料混合，揉成面团，饧20分钟，保持温度30℃，湿度75%，滚圆，再饧20分钟，包叉烧肉馅，进发酵箱，饧发80分钟，保持温度38℃，湿度75%，扫蛋液。②放起酥皮，入炉烘烤约15分钟，上火190℃，下火160℃，烤熟后出炉。

『配食』香煎草鱼

材料 草鱼肉190克

调料 鸡粉、胡椒粉、白糖、植物油、葱条、姜片、盐、红椒各少许，生抽4克，料酒3克

制作 ①把红椒洗净切成丝；草鱼肉洗好切成块，再打上花刀，放入姜片、葱条、盐、鸡粉、白糖、生抽、料酒、胡椒粉抓匀，腌渍15分钟至入味。
②锅倒油烧热，放鱼块小火煎出焦香味翻面，煎至焦黄色后再煎4分钟至鱼块熟透装盘，放上红椒丝即可。

主食软糯香甜，富含蛋白质、矿物质，可增强体质、改善消化。配食中，香煎草鱼能改善瘦弱、食欲不振的症状；水煮蛋可补充核黄素、卵磷脂；胡萝卜红薯汁能补虚乏、益气力；橙子含维生素C，有助于增强免疫力。

草莓面包套餐

主食	草莓面包	水果 芒果
配食	香菇猪脑蒸蛋	
饮品	牛奶	

『主食』草莓面包

材料 高筋面粉750克，奶香粉3克，鲜奶380克，酵母8克，砂糖155克，食盐7克，改良剂3克，全蛋75克，奶油70克，草莓、草莓馅、蛋液各适量

制作 ①将材料揉成面团，饧20分钟，保持温度30℃，湿度80%，滚圆，再饧20分钟，压扁包入草莓馅，放发酵箱饧发80分钟，保持温度36℃，湿度70%，划两刀刷蛋液。

②放烤箱烘烤13分钟，上火185℃，下火165℃，出炉挤上奶油，放草莓即可。

『配食』香菇猪脑蒸蛋

材料 猪脑1具，鸡蛋2个，鲜香菇40克

调料 盐3克，鸡粉、香油各2克，料酒6克，胡椒粉、葱花各少许

制作 ①锅注水烧开，放盐、料酒、处理好的猪脑煮沸，捞出切块。

②香菇洗净切块；鸡蛋放盐、鸡粉、胡椒粉、香油、香菇搅匀，倒温水调匀，放部分猪脑拌匀。

③将拌好的蛋液放入蒸锅中，用小火蒸10分钟后放入余下的猪脑，再蒸4分钟取出，撒上葱花即可。

配餐原因

主食部分富含蛋白质、脂肪、糖类，有利尿、健脑的作用。配食中，香菇猪脑蒸蛋可强化记忆力、滋肝明目；牛奶有增高助长的作用，适合成长期的孩子食用；芒果有清肠胃、解渴利尿的作用。

椰子丹麦面包套餐

主食　椰子丹麦面包
配食　香煎虾饼
饮品　西红柿鲜奶汁
鸡蛋　水煮蛋
水果　草莓

『主食』椰子丹麦面包

材料 高筋面粉850克，低筋面粉150克，砂糖135克，全蛋150克，纯牛奶150克，水300克，酵母13克，食盐15克，奶油120克，瓜子、椰子馅、蛋液、片状酥油各适量

制作 ①将材料揉成面团，压成长形，冷冻30分钟擀长，裹入片状酥油擀长，叠三下，冷藏30分钟，重复3次，撒蛋液、椰子馅后卷成圆条，切成等份，放发酵箱饧发60分钟，保持温度35℃，湿度75%。

②扫上蛋液，撒瓜子，入炉烤，上火185℃，下火160℃，约16分钟，烤好即可。

『配食』香煎虾饼

材料 虾仁200克，鸡蛋1个

调料 盐、鸡粉各2克，植物油、胡椒粉各适量，葱花10克

制作 ①鸡蛋取蛋清；用牙签插入虾仁，洗净拍烂，剁成泥，加盐、鸡粉、胡椒粉、蛋清拌至起浆，放入葱花拌均匀，放入抹了油的小碟中压平，取出后制成虾饼生坯。

②锅中倒入适量油烧热，放入虾饼生坯，用手转动炒锅，煎约1分钟至散发香味，将虾饼翻面，煎约1分钟至金黄色，把煎好的虾饼盛出装盘即可。

配餐原因

椰子丹麦面包含有蛋白质、维生素A、钙质等孩子成长所需的多种营养物质。配食中，香煎虾饼可改善神经衰弱的症状；水煮蛋是补虚、强身的健康食品；西红柿鲜奶汁可帮助消化；草莓有养肝明目的作用。

洋葱培根面包套餐

主食	洋葱培根面包	鸡蛋	水煮蛋
配食	香煎秋刀鱼	水果	圣女果
饮品	豆浆		

『主食』洋葱培根面包

材料 高筋面粉500克，清水300克，低筋面粉50克，砂糖45克，酵母6克，全蛋50克，奶油60克，干洋葱粒50克，炸洋葱15克，沙拉酱、培根肉、蛋液各适量

制作 ①将主原料混合，揉成面团扩展，加干洋葱、部分炸洋葱拌匀，分成小块滚圆，饧20分钟，擀成条状，放培根肉卷起，放发酵箱饧发至3倍大，保持温度35℃，湿度75%，划几刀，扫上蛋液。
②撒上剩余的炸洋葱丝，挤上沙拉酱，入炉烘烤15分钟左右即可。

『配食』香煎秋刀鱼

材料 秋刀鱼肉150克

调料 鸡粉、盐各2克，姜片15克，葱结10克，葱花少许，生抽8克，料酒4克，植物油适量

制作 ①秋刀鱼肉洗净，放姜片、葱结、鸡粉、盐、生抽、料酒抹匀，腌渍10分钟至入味。
②锅倒入油烧热，放姜片爆香，放秋刀鱼煎约2分钟翻面，再煎15分钟至焦香，加生抽略煎，放入葱花，将煎熟的秋刀鱼盛出装盘即可。

配餐原因

早餐食用这款主食，可帮助孩子恢复精力，有助于益脑强身。配食中，香煎秋刀鱼可为人体补充充分的蛋白质、不饱和脂肪酸；水煮蛋有促进大脑发育的作用；豆浆可补铁、补钙；圣女果有健胃消食之功效。

蓝莓菠萝面包套餐

主食	蓝莓菠萝面包	鸡蛋	蒸水蛋
配食	香煎三文鱼	水果	苹果
饮品	牛奶		

『主食』蓝莓菠萝面包

材料 高筋面粉2500克，砂糖275克，全蛋250克，奶油265克，酵母25克，奶粉100克，清水1250克，改良剂9克，炼奶150克，盐25克，菠萝皮、蓝莓酱各适量

制作 ①将主原料揉好，发酵25分钟后，再分割成65克一个的小面团，滚圆饧20分钟；菠萝皮分小段，滚圆排气后裹在面团外面，放入烤盘，将圆球小模具压在面团上，常温发酵至原面团2~2.5倍大，即可入炉烘烤。

②上火185℃，下火160℃，大约烤15分钟，拿开小模具，加入蓝莓酱即可。

『配食』香煎三文鱼

材料 三文鱼肉300克，姜片20克，蒜头15克，葱结30克，香菜叶少许

调料 盐2克，鸡粉1克，生抽7克，料酒7克

制作 ①将三文鱼肉洗净，装入碗中，放姜片、蒜头、葱结、生抽、盐、鸡粉、料酒拌匀，腌渍10分钟。

②锅加热，加入食用油，放入姜片爆香，放入鱼块，转动炒锅煎出焦香味，翻面煎至金黄色，放入料酒、生抽煎片刻，撒上香菜叶即可。

配餐原因

此套餐主要有增强体质、健脑的功效。主食可满足孩子对能量的需求。配食中，香煎三文鱼能补充蛋白质、脂肪等成分；蒸蛋可改善记忆力；牛奶可健胃、补脑；苹果可补锌，有很好的益智功效。

草莓夹心面包套餐

主食	草莓夹心面包	鸡蛋	煎蛋
配食	虾丁豆腐	水果	猕猴桃
饮品	豆浆		

『主食』草莓夹心面包

材料 高筋面粉1250克，全蛋120克，奶油250克，砂糖240克，奶粉13克，清水650克，酵母15克，奶香粉5克，食盐13克，菠萝皮、草莓馅、椰蓉各适量

制作 ①菠萝皮分成小段；主原料混合揉好，发酵20分钟，保持温度33℃，湿度75%，分成65克一个的小面团滚圆，饧20分钟，滚圆排气，将菠萝皮包在面团外表。

②排入烤盘，常温饧发，入炉烘烤15分钟左右，上火185℃，下火160℃，出炉以后切开，夹上草莓馅、椰蓉即可。

『配食』虾丁豆腐

材料 虾仁65克，豆腐130克，鲜香菇30克，核桃粉50克

调料 盐3克，水淀粉3克，植物油适量

制作 ①豆腐洗净切块；香菇洗净切粒；虾仁洗净切成丁，放盐、水淀粉抓匀，倒油，腌渍10分钟至入味。

②豆腐入沸水锅，加盐煮1分钟，下入香菇，再煮半分钟捞出，备用。

③用油起锅，倒入虾肉炒至变色，放入豆腐和香菇炒匀，加盐、清水、核桃粉炒均匀即可。

配餐原因

草莓夹心面包有开胃作用，可提供人体所需的蛋白质等营养。配食中，虾丁豆腐可补钙强身；煎蛋有增强记忆力的作用；豆浆可作为补钙的食物；猕猴桃富含维生素C，可提高孩子的免疫力。

维也纳苹果面包套餐

主食	维也纳苹果面包	水果	香蕉
配食	炒鸡蛋小鱼干		
饮品	牛奶		

『主食』维也纳苹果面包

材料 高筋面粉2000克，砂糖385克，淡奶、鲜奶油、蜂蜜各70克，酵母23克，盐20克，全蛋200克，清水1000克，苹果馅、杏仁片、蛋液、糖粉各适量

制作 ①将主原料混合揉好，饧25分钟，保持温度30℃，湿度80%，切成100克一个的面团，滚圆，饧20分钟，用擀面杖擀开排气，放上苹果馅，卷成长条。②放入模具，进饧发箱饧发80分钟，保持温度37℃，湿度78%，撒蛋液、杏仁片，入炉烘烤16分钟左右，上火180℃，下火190℃，出炉筛上糖粉即可。

『配食』炒鸡蛋小鱼干

材料 小鱼干50克，鸡蛋100克，芝麻少许

调料 植物油、盐、酱油、白糖、香油各适量

制作 ①小鱼干洗净，沥干水分；鸡蛋放入开水锅中煮熟，取出，剥去壳。
②锅注水加热，放入盐、酱油、白糖，烧开后放入鸡蛋煮几分钟，再加入小鱼干煮至熟，捞出摆盘。
③起油锅，将芝麻炸香，再倒上香油温热，起锅淋入盘中即可。

此款主食加入了苹果，使得这款面包具有水果的鲜美口感，开胃效果明显，适合食欲不佳的孩子食用。配食中，炒鸡蛋小鱼干可改善记忆力、强身、养肝补血；牛奶含钙，有增高助长的作用；香蕉可缓解抑郁。

乳酪苹果面包套餐

主食	乳酪苹果面包	鸡蛋	蒸水蛋
配食	香煎鲳鱼	水果	芒果
饮品	豆浆		

『主食』乳酪苹果面包

材料 高筋面粉850克，酵母、食盐各8克，砂糖150克，全蛋75克，蜂蜜30克，清水400克，奶油90克，糖粉、苹果丁、瓜子仁、乳酪馅、蛋液各适量

制作 ①把主原料混合好，加苹果丁拌匀，饧20分钟，分成65克一个的面团，滚圆至光滑，再饧20分钟，放入纸杯。

②入饧发箱，饧发75分钟，保持温度37℃，湿度75%，撒蛋液、瓜子仁入炉烘烤，上火185℃，下火165℃，约15分钟，锯开，挤上乳酪馅，筛上糖粉即可。

『配食』香煎鲳鱼

材料 鲳鱼300克

调料 盐3克，味精2克，白糖5克，植物油、鸡粉、料酒各适量，姜片7克，红椒末、葱条、葱花各少许，生抽适量

制作 ①将鲳鱼切块加入盐、味精、鸡粉、生抽、料酒、姜片、葱条拌匀，腌渍15分钟入味。

②热锅注油，放入鲳鱼煎约2分钟至焦黄翻面，继续煎至另一面着色，加入红椒末、白糖、生抽、味精加盖，焖2～3分钟至熟后揭盖，撒入葱花炒匀即可。

配餐原因

乳酪含有蛋白质、卵磷脂、钙质等成分，可补充孩子身体生长所需的能量。配食中，香煎鲳鱼能改善消化不良、贫血等症状；蒸蛋可改善智力和记忆力衰退的症状；豆浆可强健体魄；芒果可解渴利尿。

黄桃面包套餐

主食	黄桃面包	鸡蛋	蒸水蛋
配食	三文鱼沙拉	水果	圣女果
饮品	牛奶		

『主食』黄桃面包

材料 发好的面团1个，黄金酱（蛋黄1个，糖粉15克，盐1克，液态酥油100克，淡奶10克，炼乳4克），黄桃、蛋液各适量

制作 ①把发好的面团分成65克一个的面团，滚圆，饧20分钟，用擀面杖擀开，卷成长形，揉长，放入纸杯。

②放饧发箱饧90分钟，保持温度36℃，湿度90%，饧发至模具九分满，扫上蛋液，放上黄桃，挤上黄金酱。

③入炉烘烤15分钟，上火185℃，下火165℃，烤好后出炉即可。

『配食』三文鱼沙拉

材料 三文鱼90克，芦笋100克，熟鸡蛋1个，柠檬汁80克

调料 盐3克，黑胡椒粒、橄榄油各适量

制作 ①芦笋洗净去皮切段；鸡蛋去壳切块；处理好的三文鱼切片。

②锅注水烧开，加盐、油、芦笋段焯半分钟捞出。

③芦笋装碗，倒入三文鱼，挤入柠檬汁，加黑胡椒粒、盐、橄榄油拌均匀。

④夹出芦笋，摆入盘中，放入鸡蛋、三文鱼、剩余的芦笋即可。

黄桃面包柔软芳香，含有蛋白质、脂肪、维生素C以及矿物质等多种成分。配食中，三文鱼沙拉中含有的脂肪酸是神经系统不可缺少的物质；蒸蛋能强化记忆；牛奶可补充脑力；圣女果可预防视力减退。

中法面包套餐

主食	中法面包	鸡蛋	水煮蛋
配食	江南鱼末	水果	草莓
饮品	豆浆		

『主食』中法面包

材料 高筋面粉900克，酵母12克，食盐21克，低筋面粉100克，改良剂3克，甜老面250克，清水600克，黄奶油适量

制作 ①将除黄奶油外的原料混合，揉成面团至光滑，饧30分钟，保持温度28℃，湿度70%，分成150克一个的面团，压扁排气再卷成形，再压扁排气，饧20分钟，卷成长形，放发酵箱饧发80分钟，保持温度35℃，湿度75%，发至3倍大再划两刀。

②挤上黄奶油，喷水入炉烘烤25分钟左右，上火230℃，下火180℃，烤熟即可。

『配食』江南鱼末

材料 鱼肉200克，松仁、玉米、豌豆、胡萝卜丁各50克，黄瓜、红椒各适量

调料 盐、味精、料酒、植物油各适量

制作 ①黄瓜、红椒均洗净，切片，摆盘；松仁、玉米、豌豆均洗净；鱼肉洗净，切碎末。

②油锅烧热，下鱼末滑熟，放胡萝卜、松仁、玉米、豌豆、红椒同炒片刻。

③调入盐、味精、料酒炒匀，起锅装入摆有黄瓜的盘中即可。

配餐原因 主食色泽亮丽，能提高食欲，还能补充孩子所需的能量；配食中，江南鱼末有助于补益大脑、增强体质；水煮蛋能缓解甜腻感，还可改善记忆力；豆浆有补钙的功效；草莓多汁，能促消化、生津解渴。

全麦长棍面包套餐

主食	全麦长棍面包	鸡蛋	煎蛋
配食	蔬菜金枪鱼沙拉	水果	苹果
饮品	草莓酸奶昔		

『主食』全麦长棍面包

材料 高筋面粉150克，全麦粉500克，酵母23克，改良剂8克，乙基麦芽粉10克，食盐、奶油各适量

制作 ①将除奶油外的原料拌匀，发酵30分钟，保持温度28℃，湿度75%，分割为300克一个的面团，饧20分钟，搓成面团。②放入模具，进发酵箱饧发90分钟，保持温度35℃，湿度80%，划几刀，挤上奶油，喷水，入炉烘烤，上火250℃，下火200℃，约烤28分钟即可。

『配食』蔬菜金枪鱼沙拉

材料 金枪鱼肉120克，生菜、洋葱条、黄桃、圣女果各适量

调料 橄榄油13毫升，红酒醋、沙拉酱各适量

制作 ①金枪鱼肉绞烂；黄桃洗净，去皮，切条；圣女果洗净对半切开。③将洗净的生菜铺在盘底，摆入圣女果、黄桃、洋葱、金枪鱼肉，加入橄榄油、红酒醋、沙拉酱拌匀即可。

主食松软可口，能补充孩子身体成长所需的蛋白质、脂肪、糖类、钙等多种成分，有健脑的功效。配食中，蔬菜金枪鱼沙拉含有赖氨酸、维生素C、锌等成分，能增进食欲、强壮身体；煎蛋可增强记忆力；草莓酸奶昔有减肥瘦身的作用；苹果有益智的功效。

红豆绿茶面包套餐

主食	红豆绿茶面包	鸡蛋	蒸水蛋
配食	香煎带鱼	水果	圣女果
饮品	豆浆		

『主食』红豆绿茶面包

材料 高筋面粉200克，牛奶125克，蜂蜜、黄油、糖、盐、干酵母、红豆、绿茶粉、绿茶面团、牛奶各适量

制作 ①红豆洗净；把除红豆外的材料混合揉好，分成两份，一份中加绿茶粉和牛奶，两份分别发酵40分钟后，揉成球，再发酵10分钟，擀成面皮，撒上红豆（绿茶面团同）。

②两层面皮卷起，入模具发酵40分钟，放到预热180℃的烤箱里，烘焙30分钟即可。

『配食』香煎带鱼

材料 带鱼500克

调料 植物油适量，酱油、盐、味精各3克，葱、姜各5克

制作 ①带鱼洗净，切段；姜洗净切丝；葱洗净，切丝。

②带鱼块用盐、酱油、味精、姜、葱丝腌渍入味。

③煎锅上火，加油烧热，下入鱼块煎至两面金黄色盛入盘中，撒上葱丝即可。

配餐原因

此套餐的面包清香爽口，外观也具有吸引力，可为孩子提供充足营养。在配食中，香煎带鱼开胃效果极佳，有助于延缓大脑衰老；蒸蛋易消化，有助于增强记忆力；豆浆能健体、益智；圣女果能提高孩子的抵抗力。

法式大蒜面包套餐

主食	法式大蒜面包	鸡蛋	水煮蛋
配食	四色虾仁	水果	葡萄
饮品	牛奶		

『主食』法式大蒜面包

材料 高筋面粉1350克，甜老面450克，改良剂4.5克，食盐4克，低筋面粉250克，酵母23克，清水1250克，蒜蓉馅137克（奶油100克，蒜蓉35克，食盐2克）

制作 ①原料混合揉匀，发酵30分钟，保持温度28℃，湿度75%，分成130克一个的面团，饧25分钟，卷成型，入烤盘。②进发酵箱，饧发90分钟，保持温度35℃，湿度75%；面团中间划一刀，挤上蒜蓉馅，入炉烘烤25分钟，上火235℃，下火180℃，烤好即可。

『配食』四色虾仁

材料 新鲜草虾仁30克，土豆35克，小黄瓜20克，木耳10克

调料 盐适量，香油2克

制作 ①土豆洗净去皮，切成丁；小黄瓜洗净，切成丁；木耳泡发，再用清水洗净，切成小块；草虾仁洗净，去肠泥，备用。

②将所有的材料倒入开水锅中，汆熟，捞出，装入碗中晾凉，加入盐和香油，还可加入自己喜欢的调味料拌匀，装盘即可。

法式大蒜面包可增强体力，补充孩子所需的营养，是适合全家食用的美味早餐。四色虾仁含有丰富的蛋白质、钙、锌等成分，有健脑、强身的作用；水煮蛋可强化记忆力；牛奶可增强脑力；葡萄可生津除烦。

咖啡面包套餐

主食	咖啡面包	水果	苹果
配食	冬瓜鸡蛋鸡肉沙拉		
饮品	豆浆		

『主食』咖啡面包

材料 高筋面粉750克，砂糖150克，奶油50克，酵母8克，全蛋、淡奶、改良剂、咖啡粉、食盐、蛋液各适量

制作 ①原料混合揉匀至面筋扩展，饧25分钟，保持温度31℃，湿度75%，再揉成小面团，滚圆，饧20分钟，擀开排气，卷成型，放入模具，排入烤盘。

②进发酵箱饧发85分钟，保持温度38℃，湿度75%，至模具九分满，扫上蛋液，入烤箱烘烤15分钟，上火185℃，下火190℃，烤好出炉即可。

『配食』冬瓜鸡蛋鸡肉沙拉

材料 鸡肉350克，熟鸡蛋1个，冬瓜、玉米粒各适量

调料 蒜蓉沙拉酱适量，香菜碎、莳萝末各少许

制作 ①熟鸡蛋切成4块；冬瓜洗净去皮切丁，玉米粒洗净，分别焯水至熟，捞出；鸡肉洗净，切小块，放入锅中煮熟后捞出。

②将上述食材放入盆中，然后再加入少许香菜碎和莳萝末，待食用时再拌入蒜蓉沙拉酱即可。

配餐原因 咖啡面包含有牛奶、鸡蛋、咖啡粉等成分，有开胃、补益大脑的作用。配食中，冬瓜鸡蛋鸡肉沙拉能补充维生素、矿物质和优质蛋白质，可补虚、强志；豆浆有补钙的功效；苹果可补锌，有益智之功效。

蛋糕

黄金皮蛋糕套餐

主食	黄金皮蛋糕	鸡蛋	煎蛋
配食	果酱虾仁沙拉	水果	香蕉
饮品	牛奶		

『主食』黄金皮蛋糕

材料 蛋黄83克，全蛋16克，砂糖13克，低筋面粉16克，色拉油10克，香芋色香油、柠檬果膏各适量，蛋糕体1个

制作 ①将蛋黄、全蛋、砂糖加低筋面粉、色拉油拌匀；取少量面糊加香芋色香油拌匀装入裱花袋；然后将剩余面糊倒入铺了纸的烤盘抹匀，挤上香芋色面糊划出花纹，入炉以180℃温度烤约8分钟出炉。
②取走纸，涂上柠檬果膏，放蛋糕体，再涂上果膏后卷起，静置30分钟后分切即可。

『配食』果酱虾仁沙拉

材料 虾仁260克，西红柿块、甜椒片、冬瓜片、洋葱圈、黑橄榄、罗勒叶各适量

调料 果酱、红酒各适量，盐、胡椒粉各少许

制作 ①西红柿块、甜椒片、冬瓜片、洋葱圈、虾仁均焯熟，装盘；黑橄榄、罗勒叶均洗净，放入盘中。
②取一小碟，舀入果酱，再倒入红酒、盐和胡椒粉拌匀，调成浓汁，淋在沙拉上即可。

配餐原因

黄金皮蛋糕松软香甜，易消化，可为孩子身体发育提供所需的蛋白质、钙质。配食中，果酱虾仁沙拉可提供多种维生素、蛋白质，还含有丰富的钙；煎蛋可补充营养、促进身体成长；牛奶能养心益智；香蕉有助于排泄。

香草奶油蛋糕套餐

主食	香草奶油蛋糕	鸡蛋	蒸水蛋
配食	橄榄油蔬菜沙拉	水果	芒果
饮品	豆浆		

『主食』香草奶油蛋糕

材料 全蛋165克，砂糖110克，低筋面粉100克，高筋面粉30克，盐、香草粉、蛋糕油、鲜奶、奶油、杏仁片各适量

制作 ①全蛋、砂糖、食盐混合，中速打至泡沫状，加高、低筋面粉和香草粉、蛋糕油打至原体积的2倍，加奶油、鲜奶拌匀，装入裱花袋，挤入放了纸托的模具内至八分满，撒上杏仁片。

②入炉以150℃的炉温约烤30分钟即可。

『配食』橄榄油蔬菜沙拉

材料 鲜玉米粒90克，圣女果120克，黄瓜100克，熟鸡蛋1个，生菜50克

调料 沙拉酱10克，白糖7克，凉拌醋8毫升，盐少许，橄榄油3毫升

制作 ①黄瓜洗净切片；生菜洗净切碎；圣女果洗净，对半切开；熟鸡蛋取蛋白切成小块；玉米粒洗净，煮熟。

②取少许黄瓜片，围在盘子边沿作装饰，把玉米粒、圣女果、黄瓜、蛋白放入碗中，加盐、沙拉酱、白糖、凉拌醋、橄榄油拌匀，撒上生菜即可。

配餐原因 主食气味香浓，十分诱人，是孩子的开胃早餐，有增强体力、补益大脑的作用。配食中，橄榄油蔬菜沙拉可为孩子身体发育补充蛋白质、维生素C等成分；蒸蛋可健脑；豆浆能解渴开胃、益智健脑；芒果可改善食欲不振。

奶油苹果蛋糕套餐

主食	奶油苹果蛋糕	鸡蛋	煎蛋
配食	土豆火腿沙拉	水果	橙子
饮品	牛奶		

『主食』奶油苹果蛋糕

材料 奶油160克，糖粉160克，食盐2克，全蛋230克，低筋面粉375克，泡打粉15克，鲜奶135克，苹果丁150克，瓜子仁适量

制作 ①把奶油、糖粉、食盐混合打至奶白色，分次加入全蛋拌匀，加低筋面粉、泡打粉拌至无粉粒，再加入鲜奶、苹果丁拌匀，装入裱花袋，挤入纸模内至八分满，撒上瓜子仁。

②入炉以140℃的炉温烘烤，约烤30分钟，完全熟透出炉即可。

『配食』土豆火腿沙拉

材料 土豆、黄瓜各150克，火腿、洋葱、香葱段各适量

调料 橄榄油、奶油、蒜蓉各适量，食盐少许

制作 ①黄瓜、土豆均洗净，去皮，切丁；火腿切块；洋葱洗净，切丁，焯水；土豆放入锅中，煮约4分钟至熟。

②将黄瓜、土豆、洋葱、火腿肠、香葱段均放入盘中，加入橄榄油、奶油、蒜蓉、食盐拌匀即可。

奶油苹果蛋糕松软可口，可提供能量，有增高助长的作用。配食中，土豆火腿沙拉含有钙、锌，能强筋骨、益智力；煎蛋能强身健体、增强记忆力；牛奶可缓解主食的干燥，有健脾开胃的作用；橙子可减轻主食的甜腻感。

椰香蛋糕套餐

主食	椰香蛋糕	鸡蛋	蒸水蛋
配食	鲜虾紫甘蓝沙拉	水果	苹果
饮品	豆浆		

『主食』椰香蛋糕

材料 全蛋190克，砂糖112克，食盐1克，低筋面粉200克，椰子香粉1克，蛋糕油8克，色拉油75克，椰蓉75克，白芝麻适量

制作 ①把全蛋、砂糖、食盐混合，中速打至泡沫状，加入低筋面粉、椰子香粉、蛋糕油，打至原体积的2.5倍，加入色拉油、椰蓉拌匀，装入裱花袋，挤入垫了纸托的圆模内至九分满，表面撒上白芝麻装饰。

②入炉以160℃的炉温烤约20分钟即可。

『配食』鲜虾紫甘蓝沙拉

材料 虾仁70克，西红柿60克，彩椒30克，紫甘蓝40克，西芹20克

调料 沙拉酱15克，料酒5毫升

制作 ①西芹、西红柿、彩椒、紫甘蓝均洗净切块，焯水至断生，备用。

②把洗净的虾仁倒入沸水锅中，淋入适量料酒，煮1分钟至熟，捞出。

③将西芹、彩椒和紫甘蓝倒入碗中，放入西红柿、虾仁，加入沙拉酱搅拌匀，装入盘中即可。

配餐原因 椰香蛋糕口感香甜爽口，能使孩子恢复体力、健脑强身。配食中，鲜虾紫甘蓝沙拉可增进食欲；蒸蛋可保护胃，增强体质；豆浆能开胃、解渴、利小便；苹果可润肺除烦。

香草布丁蛋糕套餐

主食　香草布丁蛋糕
配食　芹菜叶蛋饼
饮品　凉薯汁
水果　猕猴桃

『主食』香草布丁蛋糕

材料 全蛋250克，砂糖130克，低筋面粉150克，粟粉30克，香草粉3克，蛋糕油12克，鲜奶25克，清水25克，色拉油70克，卡士达馅适量

制作 ①把全蛋、砂糖中速打至砂糖完全溶化，加低筋面粉、粟粉、香草粉、蛋糕油，打至原体积的3倍，分次加入混合拌匀的鲜奶、清水、色拉油，完全拌匀，装入裱花袋，挤入扫了油的模具内至八分满，再挤上卡士达馅装入烤盘，盘内加约100克的清水。

②入炉以150℃的炉温约烤25分钟即可。

『配食』芹菜叶蛋饼

材料 芹菜叶50克，鸡蛋2个

调料 盐2克，水淀粉、植物油各适量

制作 ①芹菜叶洗净，切末。

②鸡蛋打入碗中，加入少许盐、水淀粉打散调匀，再放入芹菜末，快速搅拌一会儿，制成蛋液备用。

③烧热煎锅，倒入适量油，烧至五成热，倒入蛋液，煎成蛋饼即可。

配餐原因

香草布丁蛋糕符合大多数人的口感，有助于促进孩子的生长发育。配食中，芹菜叶蛋饼能增强食欲；凉薯汁可清热祛火；猕猴桃可帮助消化，预防便秘。

板栗蛋糕套餐

主食	板栗蛋糕	鸡蛋	蒸水蛋
配食	彩椒蟹柳沙拉	水果	香蕉
饮品	豆浆		

『主食』板栗蛋糕

材料 熟板栗碎150克，奶油100克，糖粉150克，全蛋60克，低筋面粉200克，吉士粉30克，泡打粉4克，鲜奶40克，瓜子仁适量

制作 ①把奶油、糖粉搅拌至奶白色，分次加入全蛋拌匀，加入低筋面粉、吉士粉、泡打粉拌至无粉粒，加入熟板栗碎、鲜奶拌匀，装入裱花袋，挤入纸托内至八分满，撒上瓜子仁。

②入炉以140℃的炉温烘烤，约烤25分钟，出炉冷却即可。

『配食』彩椒蟹柳沙拉

材料 彩椒、荷兰豆各50克，蟹柳100克

调料 沙拉酱、炼乳、食用油各适量

制作 ①荷兰豆洗净切成小块；彩椒洗净切成丁；蟹柳切成段。

②锅倒水烧开，加油，分别将彩椒丁和荷兰豆煮约1分钟至熟捞出。

③将彩椒、荷兰豆放入碗中，加入切好的蟹柳，再放入适量沙拉酱，舀入少许炼乳拌匀，盛出装盘即可。

配餐原因

采用熟板栗肉制成的这款主食香糯爽口，同时还可满足人体对能量、蛋白质、卵磷脂、钙、铁的需求。配食中，彩椒蟹柳沙拉可增强免疫力、提高食欲；蒸蛋能补虚；豆浆可开胃、健体；香蕉能缓解疲劳。

柳橙蛋糕套餐

主食	柳橙蛋糕	鸡蛋	水煮蛋
配食	香煎剥皮鱼	水果	火龙果
饮品	牛奶		

『主食』柳橙蛋糕

材料 酸奶100克，全蛋170克，糖245克，低筋面粉60克，高筋面粉60克，泡打粉7克，橙皮丝15克，浓缩橙汁30克，无盐奶油70克

制作 ①将全蛋和糖打发至浓稠，将酸奶分次加入拌匀；将低筋面粉、高筋面粉、泡打粉过筛，加入蛋糕液中拌匀，加浓缩橙汁、橙皮丝、溶化的无盐奶油拌匀，倒入模具中至八分满。

②模具送入烤炉，以180℃烤约35分钟，出炉倒扣，冷却后脱模即可。

『配食』香煎剥皮鱼

材料 剥皮鱼300克

调料 植物油适量，盐3克，生抽4克，姜片、葱条、姜丝、葱丝各少许

制作 ①处理干净的剥皮鱼切除鱼头，鱼身加姜片、葱条、盐、生抽拌匀，腌渍约15分钟至其入味。

②煎锅中注油烧热，放入鱼肉小火煎至发出香味，翻动鱼身，用小火再煎至鱼肉呈金黄色，关火后盛出煎好的剥皮鱼，装入盘中，点缀上少许姜丝、葱丝即可。

主食带有柳橙的鲜美，是开胃、强身、益智的健康早餐。配食中，香煎剥皮鱼能补充人体所需的蛋白质、脂肪等成分；水煮蛋营养丰富，可补虚；牛奶能补充营养、改善记忆力；火龙果可明目，适合孩子食用。

蓝莓核桃蛋糕套餐

主食	蓝莓核桃蛋糕	鸡蛋	水煮蛋
配食	猪肉紫甘蓝沙拉	水果	草莓
饮品	豆浆		

『主食』蓝莓核桃蛋糕

材料 酥油100克，糖粉175克，全蛋200克，低筋面粉200克，玉米粉50克，泡打粉5克，奶香粉2.5克，核桃50克，牛奶25克，蓝莓酱适量

制作 ①酥油与糖粉混合打发至发白蓬松，将全蛋分次加入拌匀；将低筋面粉、玉米粉、泡打粉、奶香粉过筛，加入蛋糕液中拌匀，再加牛奶、核桃拌匀；模具抹上油，倒入蛋糕液约八分满，中间放入蓝莓酱。

②放入180℃的烤炉内，烤25分钟左右即可。

『配食』猪肉紫甘蓝沙拉

材料 猪肉270克，紫甘蓝、菊苣叶、盐灼虾各适量

调料 盐、白胡椒粉各2克，橄榄油、沙拉酱、葱白、醋、柠檬汁各适量

制作 ①紫甘蓝洗净、菊苣叶、葱白均洗净；猪肉洗净切块，入锅用橄榄油煎熟后盛出。

②将紫甘蓝铺在盘底，放猪肉、葱白、菊苣叶、盐灼虾，加入白胡椒粉、盐、柠檬汁、醋拌匀，再根据个人口味适量添加沙拉酱即可。

配餐原因 主食营养丰富，含蛋白质、锌、钙、铁等成分，有补脑的作用。配食中，猪肉紫甘蓝沙拉可提供多种营养，起到促进身体生长发育的作用；水煮蛋能改善记忆力；豆浆能补充营养、开胃解渴；草莓有助于改善睡眠质量。

重芝士蛋糕条套餐

主食	重芝士蛋糕条	鸡蛋	蒸水蛋
配食	香肠黄瓜沙拉	水果	香蕉
饮品	牛奶		

『主食』重芝士蛋糕条

材料 饼干100克，无盐奶油50克，乳酪300克，糖粉60克，黄油20克，淡奶油90克，蛋黄100克，低筋面粉24克，玉米粉6克，君度酒4克

制作 ①将饼干压碎，加溶化的无盐奶油拌匀，倒入锡纸模具内压平，冷冻凝固；淡奶油、乳酪加糖粉和黄油搅拌至发白蓬松，分次加入蛋黄拌匀，加入低筋面粉、玉米粉、君度酒拌匀，倒入饼干模具内抹平。

②放入160℃烤炉，隔水烤60分钟，待冷冻凝固，切成条后装饰即可。

『配食』香肠黄瓜沙拉

材料 香肠130克，蛋黄碎、黄瓜、生菜、香菜叶各适量

调料 椰子酱、沙拉酱各适量

制作 ①香肠略洗，蒸熟，切成长条；黄瓜洗净，切长条；生菜、香菜叶均洗净，控干水分。

②生菜铺在盘底，放入香肠，均匀地挤上沙拉酱，再放上黄瓜，堆上适量蛋黄碎，均匀地挤上椰子酱。

③最后在沙拉上面饰以香菜叶即可。

重芝士蛋糕条香软可口，可为孩子身体发育提供所需能量。配食中，香肠黄瓜沙拉有开胃、健脑的功效；蒸蛋能改善记忆力；牛奶可补充营养；香蕉可清肠胃、预防便秘。